U0170475

两自由度直驱感应电机电磁设计、特性分析及控制系统

司纪凯 聂 瑞 王培欣 著

科学出版社

北 京

内 容 简 介

本书着重进行两自由度直驱感应电机(2DOF-DDIM)设计理论、耦合效应及控制方法的研究，以期为 2DOF-DDIM 理论体系的构建奠定基础。本书通过分析一种新型 2DOF-DDIM 的工作机理，完成其电磁设计工作；提出复合多层理论法对电机进行建模，进行其等效电路参数的确定，并完成 2DOF-DDIM 系统的数学建模；利用透入深度法、解析计算方法、有限元法完成包括纵向端部效应在内的 2DOF-DDIM 的特性分析；基于所建立的电机模型，研究 2DOF-DDIM 多种运动形式以及多定子结构下耦合效应的影响。随后，为了改善 2DOF-DDIM 的性能，进行不同结构参数对电机性能影响的分析，并提出两种 2DOF-DDIM 新型动子结构。最后，基于光电传感器和磁电传感器设计 2DOF-DDIM 的速度检测方案，研究其控制方案，并建立其矢量控制模型。

本书适于电气工程领域的教师、研究生、本科高年级学生、研究人员及工程技术人员阅读参考。

图书在版编目（CIP）数据

两自由度直驱感应电机电磁设计、特性分析及控制系统 / 司纪凯，聂瑞，王培欣著. —北京：科学出版社，2023.3
　ISBN 978-7-03-073194-4

Ⅰ. ①两… Ⅱ. ①司… ②聂… ③王… Ⅲ. ①实心转子–感应电机–控制 Ⅳ. ①TM346

中国版本图书馆 CIP 数据核字（2022）第 173091 号

责任编辑：魏英杰 / 责任校对：崔向琳
责任印制：吴兆东 / 封面设计：陈　敬

科学出版社 出版
北京东黄城根北街 16 号
邮政编码：100717
http://www.sciencep.com

北京中石油彩色印刷有限责任公司 印刷
科学出版社发行　各地新华书店经销

*

2023 年 3 月第 一 版　开本：720×1000　B5
2023 年 3 月第一次印刷　印张：13 1/2
字数：271 000

定价：108.00 元
（如有印装质量问题，我社负责调换）

前　　言

　　单自由度电机驱动系统作为一种实现能量转化或信号传递的电磁机械装置，其应用几乎涵盖社会的各行各业。近年来，随着自动化和智能化的发展，人们对主要驱动装置电机提出更高的要求，希望可以利用最少的驱动装置实现两自由度，甚至多自由度的运转。由于传统单自由度电机的运动单一性，工业应用一般采取多个单自由度电机通过中间传动机构构成多自由度驱动。传统的两自由度直线-旋转驱动系统一般是利用多个两个单自由度电机结合复杂的运动转换装置驱动轴做直线、旋转或者螺旋运动。这些运动可以独立产生，也可以同时存在。但是，此类解决方案控制方式复杂；体积大、零部件多、维护量大、价格昂贵，不便于集成，占用安装空间大；传动组件、轴承均吸收较大的轴向力，导致组件机械磨损大。因此，许多学者和电工专家一直致力于寻求结构紧凑、体积小、实用性强、控制容易的两自由度直线-旋转驱动电机及其驱动控制解决方案。

　　随着直线电机理论的日益完善与工业应用的不断扩展，直线电机与旋转电机结合的驱动方案引起人们的广泛关注。直线-旋转运动的两自由度电机具有机械集成度高、电机结构材料利用率高等优点。在两个运动自由度的机械系统中，采用一台两自由度电机替代两台单自由度电机或其他运动转换传统装置，可以简化机械系统的结构，减小体积与重量，提高系统的精度和动静态性能。本书提出的两自由度直驱实心转子感应电机(2DOF-DDIM)是一种无中间传动机构，直接驱动机械负载做直线、旋转或者螺旋运动的新型电机。它适用于芯片生产线、汽车生产线、柔性加工制造系统、数控机床、机器人、混合驱动机构、雕刻机、挤出机、注塑机等设备。

　　本书及相关研究工作得到国家自然科学基金项目"两自由度直线-旋转感应电机电磁耦合与运动耦合研究"(51777060)、"两自由度直驱实心转子感应电机研究"(51277054)，教育部博士点专项基金项目"多自由度直驱弧形电机基础理论研究"(20104116120001)，中国博士后科学基金面上项目"两自由度直驱永磁风浪结合发电机及其控制系统研究"(2020M682342)，郑州市协同重大专项"机器人驱动智能化包装生产线及搬运码垛系统研发"(20XTZX12023)的资助。

　　感谢郑州大学电气工程学院领导的大力支持，高彩霞、程志平、李忠文、董亮辉等诸位同事给予的指导和帮助，同时感谢封海潮、谢璐佳、艾立旺、韩俊波、吴伟等研究生提供的支持。焦留成教授认真细致地审读了全书，提出许多宝贵意见。魏英杰编审做了大量细致入微的出版工作。在此向他们表示衷心感谢。

限于作者水平，本书难免存在不妥之处，恳请读者批评指正。

作　者

目　　录

第1章 绪 论

1.1 两自由度电机的研究背景及意义

高档数控机床、机器人等为我国特种电机的研发与制造带来新的发展机遇。实现高端设备及机器人的多维运动需要配套精密的多自由度电机驱动系统。常见的需要多自由度驱动的系统还包括加工制造系统、镗床、汽车生产线、机床、微电子装配机械、挤出机、绕线机、混合动力车等。这些系统需要的直线、旋转、螺旋等运动形式可以独立产生,也可同时存在。常用的两自由度驱动装置方案如表 1-1 所示。传统的多维驱动技术大多采用多个单自由度电机组合或机械转换装置的方案,存在体积大、零部件多、维护量大、不便于集成、控制方式复杂等问题。因此,许多学者和电工专家一直致力于寻求结构紧凑、体积小、不需中间传动机构、控制容易的多自由度电机驱动方案。

表 1-1 常用的两自由度驱动装置方案

	方案	优点	缺点
方案 1	应用两个旋转电机,其中一个用一种机械装置将旋转运动变为直线运动,另一个做旋转运动,两个电机配合使用	操作灵活,实现功能过程简单	电机成本过高,传动机构复杂,维护艰难
方案 2	应用一个旋转电机,通过极其复杂的机械装置,在需要的时候让输出轴做出旋转或直线运动	电机数量少	机械装置更为复杂,维护成本太高
方案 3	应用一个旋转电机和一个直线电机	机械结构稍简单	机械装置较为复杂,直线电机成本高

两自由度直驱电机是一种不需中间传动装置的新型电机,可以分别做直线运动、旋转运动,或者两者相结合的螺旋运动,具有机械集成度高、电机结构材料和驱动控制系统元件利用率高等优点,是典型的机电一体化装置。两自由度直驱电机与传统电机对比如表 1-2 所示。可以看出,两自由度直驱电机较传统电机具有更加灵活的运动形式和更灵敏的响应特性,加工精度也更高。其机械结构简单、紧凑且便于维护,整体成本也更加低廉。两自由度直线-旋转电机凭借着高集成化、多功能化、高利用率等优点,逐渐成为众多学者研究的热点。按两自由度运动的拓扑结构,电机可分为两自由度直线-旋转永磁电机、开关磁阻电机、感应电

机等[1-6]。

表 1-2　两自由度直驱电机与传统电机对比

电机	自由度	机械结构	生产成本	性能
两自由度直驱电机	两自由度，可做直线、旋转、螺旋运动	简单，紧凑，故障率低，易维护	所需材料少，成本低	结构紧凑，反应灵敏，加工精度高
传统电机	单自由度，只能单纯做旋转或直线运动	需要多个电机和传动机构，机械结构复杂，故障率高	需要多个电机，传动机构多，成本高	结构复杂，转动惯量大，轴承受力大、磨损大，精度不高

　　沿用单自由度电机的研究思路及方法，人们在两自由度直线-旋转电机电磁设计、拓扑结构优化、机理分析、磁场分析、有限元建模及特性分析、运动控制等方面做了大量研究工作。但是，两自由度直线-旋转电机集成度高，各自由度之间存在复杂的电磁、运动等耦合关系。这给电机电磁场分布、动子涡流场分布、性能分析等带来困扰。耦合效应导致两自由度直线-旋转电机磁场建模不准确、性能分析有偏差、控制性能不稳定等问题。因此，一些学者尝试解决耦合效应带来的问题。深入研究耦合效应是建立两自由度直线-旋转电机基础理论与应用技术的关键。除此之外，要想对两自由度直线-旋转直驱感应电机进行类似于单自由度电机的控制，就必须对两自由度直线-旋转直驱感应电机的速度、角位移、加速度及输出转矩进行检测，进行各自由度之间的解耦计算、轨迹规划等。因此，有必要研制适合两自由度电动机控制系统的专用控制器件，开发计算机控制系统。

1.2　两自由度电机结构研究现状

　　多自由度电机的研究始于 20 世纪 50 年代。由于早期电机理论不完善，机械制造水平不高，多自由电机的研究遇到很多难题。到 20 世纪七八十年代，载人航天、机器人等技术的进步直接激发了多自由度电机的快速发展。特别是，以微电子技术为代表的第三次科学技术革命，为多自由度电机的结构设计和电机驱动控制系统研究提供了有利的条件。如今，各国研究人员对多自由度电机的开发和研制方兴未艾。

　　现有的两自由度直驱电机大多基于感应电机、永磁电机、磁阻电机的基本工作原理，按结构大致可以分为单电枢结构形式两自由度直驱电机、双电枢结构形式两自由度直驱电机、双绕组结构形式两自由度直驱电机、多电枢结构形式两自由度直驱电机和其他结构形式两自由度直驱电机。

1.2.1　单电枢结构形式

单电枢结构形式两自由度直驱电机的主要特点是具有斜向定子，即斜向的槽和绕组布置。Cathey 等[7,8]和 Alwash 等[9]提出一种螺旋电机。它的定子铁芯由六个轴向叠片组成，螺旋形三相绕组嵌入定子铁芯的斜槽中。螺旋形绕组感应电机定子展开图如图 1-1 所示。其动子采用各向同性圆柱体拓扑结构，并在铁磁轴套一定厚度的铜套筒。三相螺旋形定子绕组通电后将产生螺旋形运动磁场，根据感应电机的原理，动子将在轴向推力和周向转矩的共同作用下做螺旋运动。Cathey 等采用三维电磁场理论对该电机的简化模型进行分析，首先建立气隙和动子边界的场坐标，然后利用 Maxwell 方程组对矢量磁位求解。

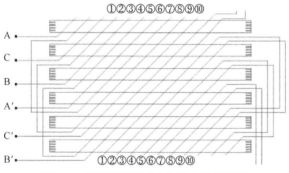

图 1-1　螺旋形绕组感应电机定子展开图

Dobzhanskyi 等[10]提出一种斜向动子式的单电枢结构两自由度电机。其定子采用常规旋转电机的定子，动子采用螺旋式布置的永磁体阵列，可用于混凝土搅拌机驱动。这种永磁同步螺旋电机如图 1-2 所示。

图 1-2　永磁同步螺旋电机

Fujimoto 团队提出一种大推力永磁螺旋电动机，可应用于假肢器械，代替人体膝关节[11-14]。该电机由螺旋结构形式的定子和动子构成，如图 1-3 所示。该电机可以近似看作若干盘式永磁电机的定子和转子的分段位移式串联。由于存在轴向的位移，因此产生的运动形式由盘式永磁电机的旋转运动变为螺旋电机的螺旋运动。

(a) 定子部分

(b) 动子部分

图 1-3　一种新型直驱螺旋电机的定子与动子

　　由于单电枢结构形式的两自由度电机采用螺旋形的铁芯或绕组结构，它在两个自由度上的电磁场和运动是耦合的，因此其解析分析模型难以建立。一般采用三维有限元数值分析法对这类电机进行特性计算和研究，但是基于三维有限元数值分析法难以实现转矩和推力的解耦。另外，这类两自由度电机的制造工艺复杂，动子螺旋运动时的螺距固定，不能实现单纯的旋转运动和直线运动。

1.2.2　双绕组结构形式

　　Mendrela 等[15]提出一种新型磁化模式的两自由度直线-旋转电机。其定子部分设有两套正交分布绕组，一套轴向布置，另外一套周向布置。这种新型磁化模式的直线-旋转电机的定子部分如图 1-4 所示。为了避免定子结构过于复杂，产生旋转运动的绕组置于定子槽内，产生直线运动的绕组置于气隙中，为无槽绕组，这大大减小了轴向推力的波动幅值。为了使两自由度电机产生大推力、小转矩，Meessen 等提出一种新型动子磁化模式的拓扑结构。新型磁化模式和传统磁化模式对比如图 1-5 所示。新型动子磁化模式的动子表面展开为棋盘式结构，同一行永磁体的磁化方向与同一列永磁体的磁化方向正反交替，且反向磁化的为磁化强度较弱的永磁材料。这样才可以产生一个轴向推力大且转矩相对较小的运动。通过调节正反向磁化强度大小的比值，可以调整推力与转矩的相对大小。与传统的磁化模式或纵横交错分布的永磁阵列模式相比，新型动子磁化模式使两自由度电机的输出转矩和推力配比更加灵活，可以拓宽其应用前景。

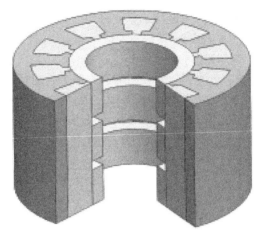

图 1-4 一种新型磁化模式的直线-旋转电机的定子部分

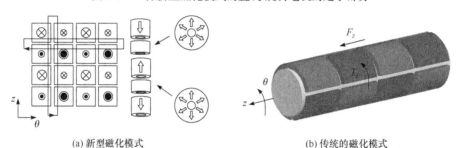

(a) 新型磁化模式

(b) 传统的磁化模式

图 1-5 新型磁化模式和传统磁化模式对比图

Mendrela 等[16]提出一种双绕组结构的直线-旋转感应电机。其结构如图 1-6 所示。这种电机定子内表面分别沿轴向和周向开槽。两种槽中分别放置独立的三相绕组。轴向布置的绕组产生旋转磁场,周向布置的绕组产生行波磁场。这两种磁场与具有光滑铜套筒的铁磁动子共同作用,产生旋转力矩和直线推力。通过改变电机绕组的供电电压和频率,即可改变动子的运动形式和速度。

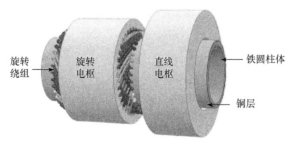

旋转绕组 旋转电枢 直线电枢 铁圆柱体 铜层

图 1-6 一种双绕组结构的直线-旋转感应电机结构

对于双绕组结构形式的两自由度电机,它们通常采用定子叠片结构,但是叠片之间的非铁磁性绝缘层减小了定子铁芯在轴向的有效长度,而且沿轴向叠压的定子铁芯只能抑制轴向涡流，不能抑制其他方向的涡流，因此这类电机的定子涡流损耗较大、发热严重。Mendrela 等提出两自由度电机(图 1-6)采用正交布置的两套电枢绕组，基本上解决了定子磁场的耦合效应，但是其气隙磁场和动子磁场的耦合问题仍然比较严重。尤其是，对于具有铜套筒的铁磁体动子来说，其铁磁体材料的磁导率受集肤效应的影响是非线性变化的。当动子做螺旋运动时，其内部涡流场分布也十分复杂。这些因素共同造成这种电机动子电磁参数难以确定，电机整体电磁性能难以分析。因此，对于具有铁磁体结构的两自由度感应电机，动子电磁场计算、动子电磁参数的确定，以及以此为基础的整个两自由度感应电机的数学模型建立是相关研究中亟待解决的难点。

1.2.3 双电枢结构形式

双电枢结构形式的两自由度电机具有两套电枢，一套用于产生旋转运动，另一套用于产生直线运动。两者共同作用时可以产生螺旋运动。这种结构形式的两自由度电机可以看作传统旋转电机和管状直线电机轴向串联的复合结构电机。

Meessen 等[17]提出一种两自由度直线-旋转驱动器(图 1-7)。这种电机可以看作两个不同的永磁电机在轴向串联而成的，即一个无槽管状永磁直线电机和一个两极无槽永磁旋转电机。图 1-7(b)所示的无槽管状永磁直线电机产生轴向推力，图 1-7(c)所示的两极无槽永磁旋转电机产生旋转转矩。动子在推力和转矩的共同作用下进行两自由度运动。此外，这种电机的中间部分设有无源重力过补偿环节。当电源条件不理想时，电机的直线运动部分可以悬停在初始位置，而动子仅做旋转运动。由于该电机动子上仅有永磁体，不存在跟随运动的绕组，因此省去了传统的机械传动环节。与常规电机相比，这种电机运动部分的质量较小，可以获得较大的加速度。与此同时，由于两部分运动定子均属于无槽结构，因此该电机产生的转矩和推力波动较小，可以实现较高精度的控制。

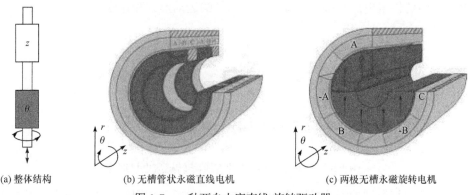

(a) 整体结构   (b) 无槽管状永磁直线电机   (c) 两极无槽永磁旋转电机

图 1-7 一种两自由度直线-旋转驱动器

Bolognesi 等[18-21]提出一种新型的永磁同步无刷直线-旋转电机(图 1-8)。该电机有一对相同的圆筒形定子沿相同的轴心放置，而筒形转子沿同一轴心置于定子的内部。定子和转子共同置于轴承支撑的机械结构中。定子部分包括铁芯和线圈。定子铁芯在结构上是具有半封闭的槽。转子包括铁芯和 $2p$ 个永磁体(永磁体的个数等于定子绕组的极数)。永磁体对称地贴在铁芯转子表面，并在轴向具有统一的磁场强度。

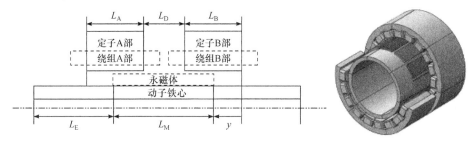

图 1-8 一种新型的永磁同步无刷直线-旋转电机

Amiri 等[22,23]提出一种双电枢串联式两自由度感应电机。其结构如图 1-9 所示。该电机由一个旋转感应电机定子、管状直线感应电机定子和共用的镀铜铁磁空心动子构成。动子可以实现直线、旋转、螺旋运动，多用于驱动机械钻探、抽油机、采煤掘进机等设备。

图 1-9 双电枢串联式两自由度感应电机

相较于双绕组结构形式的两自由度电机，双电枢结构形式的两自由度电机更好地解耦了定子和气隙内的旋转磁场和行波磁场，并可以抑制轴向和周向的涡流，以减少损耗。同时，其旋转运动部分电枢和直线运动部分电枢的加工工艺较为简单，均可参照传统电机制造。当把这种形式的电机看作传统旋转电机和管状直线电机轴向串联的复合结构时，可以大大简化运动形式及电磁场的分析。但是，两个电枢间的相互影响需要进一步讨论。Amiri 等[22,23]采用动态时域有限元法(finite element method，FEM)和频域滑频技术结合的方法对双电枢直线-旋转感应电机的直线部分动态端部效应进行建模分析，即分析电机直线运动部分对旋转运动部分的影响。可以发现，直线运动部分定子的纵向端部效应会影响旋转运动部分，而旋转运动部分对直线运动部分几乎无影响。可见，两自由度电机的两个自由度之间相互的影响，即电磁耦合效应和运动耦合效应不可忽略。

1.2.4 多电枢结构形式

多电枢结构形式的两自由度电机主要见于两自由度开关磁阻电机。此类电机具有结构简单、机械强度高、制造工艺简单、成本低、工作可靠的优点，适用于各种恶劣、高温，甚至强振的环境。由于这类电机的磁路比较复杂，建模、仿真分析和控制研究较为困难，且输出转矩波动较大，因此不适合高定位精度及高速特性的相关应用。

Szabó 等[24,25]提出一种直线-旋转开关磁阻电机(图 1-10)。该电机结构包括三个 8 极开关磁阻电机定子，两两之间具有精确的位置间隔。定子绕组采用简单的集中绕组。动子部分包括一个共用的轴和若干个具有分段位移的 6 极开关磁阻电机转子。这种电机可以看作旋转开关磁阻电机和直线开关磁阻电机的复合结构，可以消除运动形式间的机械耦合(齿轮、传送带)。

图 1-10　一种直线-旋转开关磁阻电机

Pan 等[26]和 Zhao 等[27]提出一种具有新型结构的两自由度开关磁阻电机(图 1-11)。这种电机由一个三相管状直线电机定子、两个旋转电机定子和一个齿状结构的动子组成。动子的齿状结构确保电机在定子气隙方向上可以形成有效的磁通路径。该电机可以实现直线和旋转两个自由度的运动。Pan 等采用有限元方法对这种电机进行仿真分析，建立了电磁场方程，验证了设计方案的可行性。

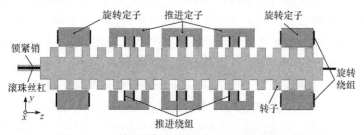

图 1-11　一种新型结构的两自由度开关磁阻电机

1.2.5 其他结构形式

Jang 等[28]提出一种具有空心圆柱状 Halbach 永磁阵列结构的永磁直线-旋转电机(图 1-12)。该电机可视为无刷旋转式电机和直线音圈式电机组成的复合电机。为了获得轴向的推力和切向的旋转转矩,这类电机需要在轴向和周向建立两种气隙磁场,即旋转磁场和轴向行波磁场。因此,采用空心的动子结构,在空心动子的内、外侧均设置定子,外侧定子置有三相绕组,可以产生转矩。内侧定子装载有两个环形线圈,可以产生轴向推力。动子由圆筒形铁芯和粘贴在铁芯内外的 Halbach 永磁体阵列组成。铁芯外侧的永磁体和一般的无刷式电机相似,而铁芯内部的永磁体则和音圈电机类似。

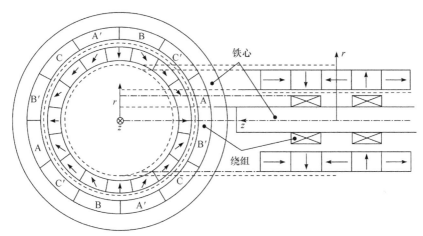

图 1-12 一种具有空心圆柱状 Halbach 永磁阵列结构的永磁直线-旋转电机

陈晔等[28]研制出一种具有正交结构的两自由度电机。这种电机可看作由两个步进电机组成(图 1-13)。该电机依靠固定永磁体、可移动电磁铁、外层电机轴,可以实现直线移动及绕轴摆动。当轴固定时,电磁极也是不动的,原来装有永磁体的圆环转动,即内层电机实现绕轴的旋转运动。电机通过两套独立的绕组实现运转,两个电机的轴在空间上相互垂直,可以实现两自由度运动。

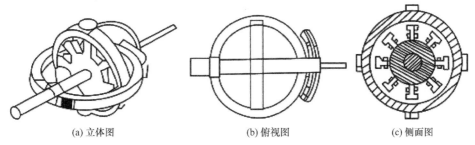

(a) 立体图 (b) 俯视图 (c) 侧面图

图 1-13 一种具有正交结构的两自由度电机

其他结构形式的电机还包括 x-y 平板式直线电机、倾斜/摆动式两自由度磁阻电机、球形多自由度电机等。这些电机可以应用于精密仪器和控制精度高的步进式设备，例如驱动航拍摄像机和天文望远镜的倾斜与摆动。但是，这些电机的结构相对复杂，工艺要求和生产成本较高。从目前两自由度电机的研究情况看，虽然提出的电机结构样式比较多，但是多自由度电机的理论还不够完善，大部分还处于起步阶段。一般的设计理论大多采用 FEM，而且考虑空间多自由度运动，多采用三维 FEM 建立数学模型，以及求解电磁场方程。近年来，两自由度直驱电机的设计理论、控制方法和应用技术等正在逐步提高和完善，但是距离真正工业大规模投产或者商业应用还具有较大的差距。

1.3 两自由度电机耦合效应研究现状

由于两自由度电机集成度高，其两个运动自由度之间必然存在复杂的耦合关系[29-31]。因此，如何定量地分析这些耦合关系及其对电机控制性能的影响，如何消除这些不良影响，是两自由度电动机研究中亟待解决的关键问题[2]。

从目前的研究来看，对感应式两自由度电机内部耦合特性进行研究的文献还比较少。其中，Cathey 在 1988 年提出如图 1-1 所示的电机[1]。这种电机通电时会在气隙中产生螺旋形的空间旋转磁场，使电机做旋转运动和直线运动，但这两种运动相互耦合。Cathey 为了消除这种耦合，在定子中设置了一个相反方向的螺旋形三相绕组。然而，Cathey 并未对其耦合特性进行研究。Amiri 对图 1-9 所示的电机进行了耦合方面的研究。由于采用旋转定子与直线定子串联的结构，直线部分不可避免地会对旋转运动产生影响。基于电压源供电下时域暂态分析、时域求解法和滑差技术，Amiri 提出一种新的算法用以分析两种自由度间的耦合效应。得到的结论是，直线部分产生的耦合效应会削弱电机旋转运动性能，并且直线速度越大，耦合效应越强，对旋转运动的影响越大。Amiri 提出的两自由度电机耦合效应的研究方法，以及两自由度运动的有限元建模方法对两自由度电机耦合效应研究具有一定的参考价值和指导意义。

对于开关磁阻式两自由度电机，研究者大多采用特有的解耦控制策略实现旋转运动与直线运动的解耦。潘剑飞对其提出的图 1-11 所示的电机耦合效应进行了分析[32-34]。这种电机的旋转运动转矩由两个定子绕组产生，而直线运动推力由两个定子之间的磁场耦合产生。由于旋转运动和直线运动同时存在电磁耦合和运动耦合，潘剑飞尝试将电机的直线-旋转运动解耦成单纯的旋转运动和单纯的直线运动，并通过对电机特性的分析，确定不同通电方式来降低旋转运动和直线运动的耦合[31]。Szabó 和 Benia 等对图 1-10 所示的电机耦合特性进行了分析，将螺旋运动解耦为单自由度的直线运动和旋转运动。通过不同的通电方式，可以使电机实现旋转运动和直线运动，电机的通电顺序通过查表法实现。但是，所提方法只能使其直线运动时不会对旋转运动产生干扰，无法消除旋转运动时对直线运动的干扰。此外，这种电机具有推力波动和转矩波动较大的明显缺点。整体而言，新型开关磁阻电机采用特殊的定子通电方法实现旋转运动与直线运动的解耦，并没有对耦合机理进行深入的研究。特殊通电方法只是抑制旋转运动与直线运动之间的耦合，并没有完全消除。

对于永磁式两自由度电机，尤其是旋转和直线部分共用一个激励的集成式电机结构。最常见的就是，转子表面沿圆周和轴线两个方向 N、S 交替分布的永磁体阵列。这种结构被形象地称为棋盘式激磁。棋盘式转子永磁体阵列如图 1-14 所示。这种永磁式两自由度电机磁路多存在耦合，因此转矩和推力的解耦也是该类电机研究的一个重点[35,36]。在磁路解耦方面，Chen 等[37]提出一种代表性的直线-旋转永磁电机结构。其转子采用图 1-15 所示的永磁体矩阵式交替排列的方式，实现直线运动和旋转运动的解耦。这种电机对于从结构设计上抑制永磁式两自由度电机的耦合效应影响具有一定的参考价值。

图 1-14　棋盘式转子永磁体阵列

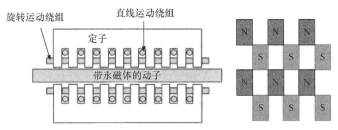

图 1-15　直线-旋转永磁电机及其永磁体排列

Turner 提出一种应用在换挡器上的直线-旋转永磁电机[36]。该直线-旋转永磁电机是由永磁旋转电机和永磁直线电机串联组合而成的。两个电机共用一个运动轴。由于直线定子和旋转定子采用定子磁盘隔开，其定子间不存在磁场耦合。当其驱动共用的运动轴做直线或者旋转运动时，彼此间存在运动耦合。Turner 对螺旋运动做了机械解耦，这种电机结构对从消除耦合的角度进行两自由度电机结构优化设计具有一定的指导意义。

通过总结可以发现，现阶段两自由度电机耦合效应的研究工作主要体现在两个方面。一是采用特殊的结构拓扑削弱其影响，二是采用控制策略实现对两自由度电机的运动解耦。具体包括以下几点。

① 对于定子串联布置的两自由度电机，采用定子隔磁盘阻断耦合路径，可以削弱两自由度部分之间耦合效应的影响。

② 对于永磁式两自由度电机，可以通过改变永磁体阵列的方式以从结构上实现耦合关系的削弱。

③ 许多两自由度电机的解耦控制策略被提出，如特殊通电顺序、双向 D-Q 坐标系等。

综上所述，从两自由度电机耦合效应的研究现状来看，已经明确了耦合效应及解耦的概念，但是在耦合效应机理、耦合效应对电机特性的影响、耦合引起的电机磁场变化研究方面还缺少深入研究，并且尚没有一种解析方法能用以对两自由度电机的耦合效应进行充分分析。

1.4 两自由度电机控制方案研究现状

在现有的两自由度控制方案研究中，Chen 等[37]提出一种模拟传统竖式油井的三自由度分段平滑系统。它同样适用于其他表现出黏滑振动和干摩擦现象的多自由度动力系统。Bolognesi 等[19]提出一种针对永磁球形步进电机的运动轨迹分段算法，利用这种算法可以实现定位计算的简化。Bolognesi[20]还提出一种多自由度可变磁阻球形电机的高精度实时控制策略，并分析证明了其实用性。Pan 等[26]提出一种用于螺旋磁阻电机的驱动控制策略，实现了直线运动与旋转运动的解耦控制。

综上所述，两自由度电机的电磁耦合是指电机定子绕组同时参与输出轴两个自由度运动的形成，即形成不同自由度运动的定子磁场间不是相互独立的。两自由度电机的运动耦合是指电机输出轴上一个自由度的运动状态改变会对另一个自由度的运动状态产生影响，即两个自由度的运动之间不是相互独立的。两自由度电机按照自由度的耦合关系可以分为以下 A、B、C、D 四类，如表 1-3 所示。

表 1-3　两自由度电机按耦合关系分类表

类别	耦合关系
A	既有电磁耦合，又有运动耦合
B	存在电磁耦合，不存在运动耦合
C	存在运动耦合，不存在电磁耦合
D	既不存在电磁耦合，也不存在运动耦合

多自由度电机除了存在电磁耦合之外，不同自由度运动之间还存在复杂的力学耦合关系，所以多自由度驱动装置往往难以控制。因此，为了充分发挥多自由度电机的性能，除了进行电机优化设计工作之外，还需提出一些提升电机性能的控制策略。两自由度电机耦合关系不同，它们的控制方法也不尽相同。下面对上述耦合关系类型的两自由度电机的控制方法进行总结。

(1) A 类两自由度电机控制策略

该类两自由度电机由于同时存在电磁耦合和运动耦合的问题，其控制方式在四类两自由度电机中是最复杂的。首先，对两自由度电机的电磁关系进行解耦，将其分解为两个单自由度电机数学模型。然后，在 D-H 坐标系(杆坐标系)下建立该电机的运动学模型。通过推导两自由度电机的速度雅可比矩阵和伪矩阵，建立电机输出轴在直角坐标空间的广义速度，以及不同运动单元转角和角速度之间的关系[37, 38]，据此实现对两自由度电机有速度要求的轨迹控制。

(2) B 类两自由度电机控制策略

存在电磁耦合而不存在运动耦合的两自由度电机的控制方法相对于 A 类两自由度电机有所简化。它省去了对运动耦合的解耦过程。同样，首先解耦该类两自由度电机两个自由度之间的电磁关系，将其等效为两个单自由度电机。然后，对这两个单自由度的速度或者角度进行直接控制，从而对两个单自由度的运动量进行协调，获得所需的电机运动轨迹。由于电磁耦合的客观存在，解耦后的两个单自由度运动之间仍然存在联系，两个自由度的运动量仍难以实现完全独立控制。

(3) C 类两自由度电机控制策略

这一类两自由度电机不存在电磁耦合，因此不需要对电磁关系进行解耦。由于存在运动耦合，因此需要通过其在 D-H 坐标系下的运动学方程推导速度雅可比矩阵和伪矩阵，建立电机输出轴在直角坐标空间的广义速度与各自由度转角和角速度之间的关系。这类两自由度电机通过建立直接独立控制两个自由度的速度、角度与输出轴广义速度直接的关系可以实现有速度要求的轨迹控制[39,40]。

(4) D 类两自由度电机控制策略

这一类两自由度电机的控制与其他三类相比是最容易实现的。因为不存在电磁耦合和运动耦合，其在电磁关系和控制上都能等效为两个单自由度电机。在对这类电机控制时，直接建立两个单自由度电机的数学模型和直角坐标系下的运动状态方程，根据输出轴运动的要求对运动进行合成或者分解，通过对两个单自由度电机的协调控制可以实现两自由度电机输出设想的运动轨迹。由于两个运动自由度的形成是相对独立的，因此可以将普通单自由度电机的控制策略应用到两自由度电机控制中，如矢量控制、智能控制等。该类两自由度电机对各个自由度的速度都能独立控制，因此可以实现高精度的速度和轨迹控制。

1.5　两自由度电机研究的方向

两自由度电机是将两种不同运动形式的产生源集成到一个系统的装置。与单自由度电机相比，两自由度电机有许多特殊之处。两自由度电机的研究方向和存在的问题主要有如下几点。

① 开发新结构、新原理的两自由度电机。由于工业应用方面的拓展，使用环境和应用要求不断变化，两自由度电机需要根据环境性能需要进行相应的结构变化，甚至提出基于新原理的两自由度电机。

② 对已有的电机模型进行结构优化。对两自由度电机进行结构优化是拓展其应用范围的关键基础。通过结构优化可以使两自由度电机便于制造、机械集成度高、材料利用率高；扩大动子的偏转范围，简化支撑结构、减轻重量，减小体积。另外，还可以通过结构优化削弱各自由度之间的电磁耦合及力学耦合关系，提高系统的性能和稳定性。

③ 两自由度电机的电磁场计算问题。电磁场计算问题是两自由度电机控制的理论基础。由于两自由度电机结构的特殊性，其磁场具有边界条件复杂、各向异性、非线性、端部效应的问题，而且两自由度电机的电磁场大多是复杂的三维电磁场，很难使用二维电磁场进行简化，因此两自由度电机电磁场计算问题是此种电机设计的重点和难点。

④ 耦合问题。由于两自由度电机将两个电机的功能融合到一个系统当中，因此其具有电磁耦合和运动耦合的特性。如何定量地分析和消除耦合效应对电机性能的影响是两自由度电机研究中亟待解决的关键问题。

⑤ 电机的运动控制问题。根据多自由度电机自身的特点，各自由度之间除了存在电磁耦合之外，还存在十分复杂的力学耦合关系。这是多自由度电动机难以控制的重要原因之一，因此必须根据电机的具体结构，建立准确的力学模型，深入分析各自由度之间的耦合关系，研究力学解耦控制策略，确立其输出轴的运动轨迹控制策略，提高电机的动静态性能和稳定性。

⑥ 驱动控制系统的研究。多自由度电动机是典型的机电一体化产品。其驱动控制系统不仅要对各自由度的角位移、速度、加速度及输出转矩进行检测，还要进行各自由度之间的解耦计算、轨迹规划，因此有必要研制适合多自由度电机控制系统的专用控制元器件，开发计算机控制系统。

由于在效率、集成度方面不俗的优越性，各国研究人员加大了对两自由度电机的研究力度。随着两自由电机理论的不断完善，制约两自由电机发展的技术瓶颈被不断打破。可以预见，在不久的将来两自由度电机将得到更广泛的应用。

1.6 本书研究内容及任务

两自由度直驱感应电机(2-degree-of-freedom direct drive inductance motor, 2DOF-DDIM)是一种无中间传动机构，直接驱动机械负载做直线、旋转，或者螺旋运动的新型电机。在现有两自由度驱动装置研究的基础上，本书提出一种结构简单、电磁场解耦、工艺简单、控制容易的 2DOF-DDIM 新结构。2DOF-DDIM 的工作原理是利用交流旋转电机做旋转运动，交流圆筒电机做轴向运动的特点，在电机气隙中形成旋转磁场、行波磁场。这些磁场分别与同一转子作用，在转子中产生感生电流，然后与定子磁场相互作用，即可驱动与转子同轴相连的机械负载做相对应的运动。驱动旋转运动的电机装置由沿轴向的绕组及沿轴向开槽的定子铁芯组成。驱动直线运动的电机装置具有沿圆周方向开槽的定子铁芯与沿圆周绕组所组成的定子，复合次级转子与输出轴固定连接，电机共用一个复合次级的圆柱形动子。2DOF-DDIM 整体结构示意图如图 1-16 所示。其省去了传统的机械转换装置，具有结构简单紧凑、转动惯量小、成本低、故障率低等优点，可以降低机床、设备的故障率。除此之外，旋转驱动绕组与直线驱动绕组是独立控制的，因此轴承磨损小、径向力小、控制容易。提出的 2DOF-DDIM 可应用于精密两自由度运动的芯片生产线、汽车生产线、数控机床、机器人、雕刻机、注塑机等设备。

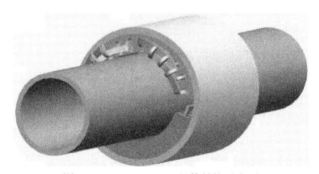

图 1-16 2DOF-DDIM 整体结构示意图

本书的主要研究内容如下。

(1) 2DOF-DDIM 电磁设计与机理分析

通过介绍 2DOF-DDIM 结构的选择依据，论证采用感应电机实心结构转子的优势，给出初步设计的电机基本结构方案，分析 2DOF-DDIM 的基本工作原理，进行 2DOF-DDIM 结构初步设计，提出电机设计技术参数要求。根据电机设计原理进行电磁设计，初步确定定子主要尺寸、气隙长度、绕组参数、槽形尺寸，以及转子结构、尺寸、材料。

(2) 2DOF-DDIM 电磁特性建模研究

从单自由度角度出发，提出复合多层理论的程序设计流程图，并解决多层理论法应用中参数确定的难题。首先，采用复合多层理论法(composite multilayer method，CMM)对电机内部磁场分布及运行特性进行分析，确定等效电路参数。然后，通过对比两种离线等效电路参数计算方法，针对 2DOF-DDIM 的特有结构选择更合适的等效电路参数确定方法，并建立考虑耦合效应的 2DOF-DDIM 数学模型，将 MATLAB/Simulink 仿真与三维有限元仿真进行对比。

(3) 2DOF-DDIM 特性分析

首先，采用透入深度法对 2DOF-DDIM 的旋转运动部分进行解析计算，将转子展成导磁导电平板，计算结果经过等效换算后对直线运动部分也适用。然后，采用有限元分析方法对 2DOF-DDIM 的旋转运动部分和直线运动部分进行仿真分析，同时进行 2DOF-DDIM 的纵向端部效应分析。

(4) 2DOF-DDIM 耦合效应分析

考虑 2DOF-DDIM 两种自由度运动形式，提出静态耦合效应的概念，采用解析法和 FEM 分析直线运动对旋转部分、旋转运动对直线部分产生的静态耦合效应。建立相应的镜像法和解析法模型，分析静态耦合效应存在的原因，并对其进行定性分析；提出三维有限元耦合分析方法，建立三维有限元耦合仿真模型，定量分析静态耦合效应对电机内电磁场及电机特性产生的影响。除电机定子结构外，定子供电频率、运行速度、气隙厚度、铜层厚度等对静态耦合效应也会产生影响，采用三维 FEM 对静态耦合效应的影响因素展开研究。提出考虑纵向端部效应的等效电磁极距，并给出不同极数时机械极距(同步速度)的修正系数。通过对比二维有限元和三维有限元模型仿真计算和部分样机实验结果，表明该电机采用等效平板模型简化分析的可行性，以及等效电路的合理性。

(5) 2DOF-DDIM 优化设计

总结改善实心转子感应电机运行性能的措施，并对电机关键参数属性，即气隙厚度、导电层材料、导电层厚度对电机性能的影响进行仿真研究。除此之外，还对新型中空动子结构 2DOF-DDIM，以及新型开槽铸铜动子(slotted cast copper mover，SCCM)结构 2DOF-DDIM 的参数优化及性能分析进行分析。

(6) 2DOF-DDIM 控制方案分析及矢量控制数学建模

分析两自由度电机速度检测装置的研究意义，阐述普通速度传感器在两自由度电机速度检测中的局限性。根据光电传感器原理和磁电传感器原理分别设计两自由度电机速度检测装置，并对两种检测装置进行性能对比。在空间直角坐标下建立 2DOF-DDIM 的运动模型，提出将 2DOF-DDIM 等效成旋转运动直线感应电机和直线运动直线感应电机进行控制的控制思路，并将单自由度电机的矢量控制策略应用到 2DOF-DDIM 的控制中，对 2DOF-DDIM 的绕组供电方案进行分析。介绍异步电机矢量控制实现过程，推导矢量控制中重要的坐标变换。建立两自由度电机的 $dq0$ 坐标系数学模型。对各种磁场定向进行分析比较，对转子磁场定向矢量控制原理进行介绍，推导异步电机转子磁链的电流模型和电压模型。在 MATLAB 仿真环境下搭建双变频器供电的 2DOF-DDIM 矢量控制模型。

第2章　两自由度直驱感应电机电磁设计与机理分析

2.1　两自由度直驱感应电机转子结构确定

由于所要设计的 2DOF-DDIM 既有传统鼠笼式感应电机的旋转运动，又有沿轴向的直线运动，因此传统的鼠笼式转子不再满足设计需求。实心转子可以依靠感应涡流进行工作，这种转子既作为磁路的铁芯部分，又作为导电的绕组。由于没有鼠笼导条，其不受电流方向的限制，可以满足两个方向的运动要求。实心转子感应电机的概念早在 19 世纪的末期就有人提出。实心转子感应电机具有如下特点。

① 结构简单，转子的机械强度高，非常适合于高速乃至超高速运行。

② 起动性能优良，起动转矩大但起动电流小，非常适合于重载起动，或在恶劣条件下，例如在压降较大的长馈电线路系统，或者单独供电系统中发电机功率和电动机功率相近等情况下起动。

③ 机械特性软，并且具有一定的线性度。

④ 实心转子的热稳定性极佳，能够长时间处于制动运行状态，非常适合作为力矩电机或挖掘机械的动力等。

⑤ 工作时振动及电磁噪声较低。

⑥ 适用于采用定子调压调速的场合，调速范围宽，实心转子散热条件好，低速工作时定子绕组铜耗较小。

⑦ 适用于频繁正反转场合，特别是反复短时间工作状态，以及制造时比较容易平衡校正等。

鉴于实心转子感应电机的这些有利特性，国外一些学者开始对其进行更加深入的研究。尤其是近年来，长输电线末端轻载时往往存在无功过剩、电压升高的问题，如果发电机是实心转子感应电机，其本身便可以吸收一部分无功功率，并产出有功功率，有效提高系统的经济性和可靠性。除此之外，在风力发电装置和专门为整流负载供电的系统中，运用实心转子感应电机同样具有巨大的优势。随着转子三维涡流磁场计算在学术界影响力的提升，20 世纪 70 年代末期以来，各国专家进行了很多实心转子感应电机的研发工作，并获得大量理论成果和应用成果[19, 42-45]。

本书涉及的 2DOF-DDIM 要实现直线、旋转，以及螺旋运动的功能，只能依靠感应涡流来工作，结合实心转子感应电机的优点，最终选用实心转子为所要设计的 2DOF-DDIM 转子结构。为了增强实心转子表面的导电性能，选择在实心转子表面覆盖良导体导电层，或在内部应用硅钢铁芯。该转子属于复合转子的类别。

2.2　两自由度直驱感应电机总体结构设计

旋转运动部分定子和直线运动部分定子可以看作互为等效的两部分，即这两部分可以通过结构变换得到。等效变换过程如图 2-1 所示。因此，对旋转运动部分参数的设计结果同样可以经过等效变换过程用于直线运动部分的电磁设计。

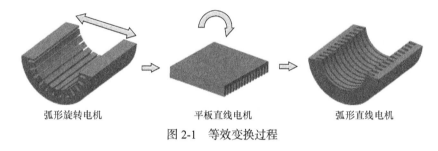

弧形旋转电机　　　　　　平板直线电机　　　　　　弧形直线电机

图 2-1　等效变换过程

本书研究一种新型的 2DOF-DDIM[4, 41]，其结构如图 1-16 所示。定子整体为圆筒形，沿中轴剖开平分为两个弧形部分。两部分采用一致的结构参数和电磁参数，有利于径向力的平衡。其中一部分与转子构成实心转子弧形定子旋转感应电机(arc-stator rotary inductance machine，ASRIM)作为旋转运动部分，另一部分与转子构成实心转子弧形定子直线感应电机(arc-stator linear inductance machine，ASLIM)作为直线运动部分。实心转子 ASRIM 和 ASLIM 合二为一构成完整的圆筒形电机，即所要设计的 2DOF-DDIM。定子铁芯两部分结构初步设计如图 2-2 所示。这两部分定子的开槽方向是正交的，槽中分别嵌入相应的交流绕组，通入交流电流后形成沿半圆周的旋转磁场和轴向行波磁场。实心转子表面感应出相应的涡流，与转子作用产生沿圆周的电磁转矩和沿轴向的电磁力，可使转子实现旋转运动、直线运动，以及两者合成的螺旋运动。直线定子的两端开有端部槽容纳绕组端部。为了减小涡流损耗，定子铁芯两部分的叠片排布方向与绕组的导线方向一致，也就是每个叠片都与导线垂直。在实际加工制造时，为了使直线运动部分定子绕组端部有容纳空间，同时为了防止两部分铁芯漏磁互相影响，两部分半圆筒形铁芯接合的部分将留出一定空间，即铁芯轴向截面并非完整的半圆，而是在末端比半圆稍短。

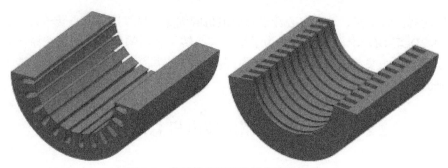

图 2-2　定子铁芯两部分结构初步设计

　　定子两部分的配合如图 2-3 所示，两部分定子间的空间可以容纳直线运动部分的端部线圈，也可以避免铁芯漏磁的相互干扰。在定子两部分下线完毕之后，其间可以用非导磁材料填充，即通过灌胶填充(加工电机通常用环氧树脂)的方式加以固定支撑，通过补充两部分定子之间的空隙使其成为一个完整的圆形与机壳紧密接合，以达到固定的目的。

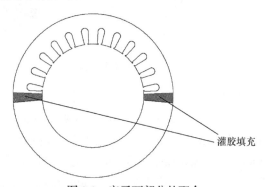

灌胶填充

图 2-3　定子两部分的配合

　　所提出的实心转子外观图如图 2-4 所示。转子轴向剖面图如图 2-5 所示。2DOF-DDIM 的转子部分具有中心转轴，外部是单一铁磁材料制成的实心转子。其结构比普通感应电机简单，加工方便，而且机械强度也远高于普通感应电机的转子。转轴从中间分为两段，一段与转子固定在一起，在电机运转时随转子一起

图 2-4　实心转子外观图

运动，向外输出机械功率及运动形式；另一段定子与电机外壳固定在一起，与转子内部形成活塞式结构，用来支持转子的重量，并限定转子运动的中轴线与电机整体保持同轴，使转子既可以绕该固定轴转动，也可以在这个固定轴上进行轴向滑动。

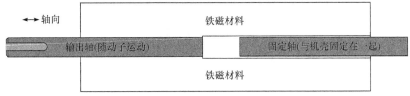

图 2-5　转子轴向剖面图

　　本设计方案采用短初级、长次级的形式，在具体设计时还需考虑电机的轴向行程以设计合适的输出轴、固定轴，以及机壳的长度。在两部分定子的共同作用下，转子即可实现两自由度运动。定子两部分，以及转子配合在一起后的整体结构如图 2-6 所示。

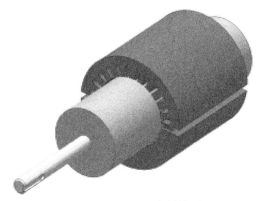

图 2-6　定转子配合结构图

　　可以看出，相对于现有的一些 2DOF-DDIM 结构复杂、加工难度大、成本高的缺点，本方案的设计形式具有结构简单、紧凑、易加工、成本低的优势。在处理径向力方面，把两部分定子对应参数设计得尽量相同，就可以像普通旋转感应电机一样在理论上抵消径向力。本方案对转子轴的结构进行了灵活的改进，把轴分为输出轴和固定轴两部分，机械输出从两端改为一端。其相较于现有的两自由度直驱电机设计方案更加节省空间，便于安装使用，模块化程度更高。本设计方案十分接近于传统旋转电机的形式，又具有两自由度驱动电机的功能，产品化设计成熟度更高，更容易开发、派生出系列产品并向市场推广。初步设计的产品化整机外观图如图 2-7 所示。

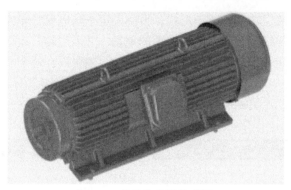

图 2-7 产品化整机外观图

2.3 两自由度直驱感应电机样机及工作机理

不同于以往的双电枢结构形式电机的轴向串联式结构，该 2DOF-DDIM 主要由圆筒形定子和复合结构形式的转子构成。2DOF-DDIM 样机如图 2-8 所示。圆筒形定子沿中轴平面分为上下扣合的两个电枢，即旋转运动部分定子和直线运动部分定子。两部分定子采用一致的结构参数和电磁参数，有利于径向力的平衡。旋转运动弧形定子具有沿轴向的绕组和开槽，叠片方向同常规旋转电机一样为轴向叠压。直线运动弧形定子具有沿圆周方向的绕组和开槽，叠片方向为沿定子内径弧线圆周方向叠压。其中，旋转运动部分定子与转子构成旋转弧形感应电机作为旋转运动部分，直线运动部分定子与动子构成直线弧形感应电机作为直线运动

(a) 旋转运动部分定子

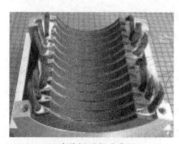

(b) 直线运动部分定子

(c) 两个定子扣合

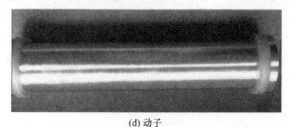

(d) 动子

图 2-8 2DOF-DDIM 样机

部分。旋转运动弧形定子及直线运动弧形定子经扣合组装成整体。两个定子铁芯在空间上正交分布，共用一个镀铜铁磁体复合次级结构的圆柱形动子。

两部分定子和动子装配之后的整机外观如图 2-9 所示。

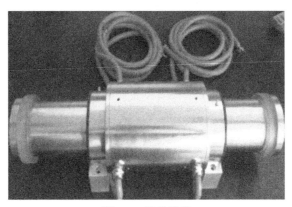

图 2-9　整机外观

在实际加工制造时，为了使直线运动部分的定子绕组端部有容纳空间，同时为了防止两部分定子铁芯漏磁互相影响，两个半圆筒形铁芯接合的部分将留出一定空间，即直线运动部分定子铁芯轴向截面并非完整的半圆，也就是在圆周方向占用的角度小于 180°。为便于运行和控制，2DOF-DDIM 的两个电枢绕组采用两个独立的绕组和电源。2DOF-DDIM 两套电枢绕组通电后，旋转运动弧形定子会产生旋转磁场，基于电磁感应原理的转子表面会产生感应电动势，并形成轴向涡流场。这样涡流在旋转磁场中受到切向的安培力，即产生旋转力矩作用于转子。直线运动弧形定子会形成轴向行波磁场，基于电磁感应原理转子的表面会产生感应电动势并形成轴向涡流场，同理涡流在轴向行波磁场中受到轴向力，即产生轴向方向的推力作用于转子。当只有旋转运动弧形定子绕组通电时，转子可以做旋转运动；当只有直线运动弧形定子绕组通电时，转子可以做轴向直线运动；当两部分定子绕组同时通电时，旋转力矩和轴向推力共同作用在转子上，可以实现电机转子的螺旋运动[46]。通过对两部分定子绕组电源的控制，即可实现转子螺旋运动螺距的改变。

2.4　两自由度直驱感应电机设计要求和主要尺寸设计

电机的运行性能和寿命跟电机转子所受径向力的大小密切相关。2DOF-DDIM 的转子受到的径向力为旋转运动部分定子和直线运动部分定子作用于转子的径向力的叠加。因此，减小径向力成为电机设计中需要考虑的重点。由上述提出的 2DOF-DDIM 的基本结构可知，两部分定子与转子分别构成旋转运动弧形电机和直线运动弧形电机。为了尽量抵消动子所受的径向力影响，两部分定子的功率、电磁负荷等电磁设计参数应尽量采用一致的设计。电机主要设计指标如表 2-1 所示。

表 2-1　电机主要设计指标

项目	旋转部分	直线部分
额定功率(P_N)/kW	1.1	1.1
额定电压(U_N)/V	220(Y 形连接)	220(Y 形连接)
额定频率(f)/ Hz	50	25
极数($2p$)	4	4
相数(m)	3	3
额定电流(I_N)/ A	12	12
效率(η)/ %	50	50
功率因数($\cos\varphi$)	0.5	0.5

为了从结构上尽量消除径向力，本书设计的 2DOF-DDIM 直线部分的圆弧和旋转部分的圆弧需要互补且半径相同，相应的技术参数和轴向长度也要相同，以满足结构紧凑的设计要求[47-49]。因此，直线部分的主要尺寸可以随着旋转部分尺寸的确定而确定。

在对电机主要尺寸进行设计时，首先要考虑能量是通过定子、转子间的气隙以电磁能量的形式进行传送的，所以电磁功率对于电机主要尺寸来说具有重要意义。两者之间必定存在密切的联系，可以用电机计算功率表示电磁功率，即

$$P' = mEI \tag{2-1}$$

其中，P' 为电机电磁功率；m 为相数；E 为相电动势；I 为每相电流。

相电动势的表达式为

$$E = 4K_{Nm}fNK_{dp}\varphi \tag{2-2}$$

其中，K_{Nm} 为气隙磁场分布系数，气隙磁场呈正弦分布时为 1.11；f 为电流的频率；N 为每相串联匝数；K_{dp} 为绕组系数；φ 为每极磁通。

对于交流电机，同步转速和电流频率的关系为

$$n = \frac{60f}{p} \tag{2-3}$$

其中，p 为极对数。

每极下磁通表达式为

$$\varphi = B_{\delta av}\tau l_{ef} = B_{\delta}\alpha'_{p}\tau l_{ef} \tag{2-4}$$

其中，B_{δ} 为气隙磁密幅值；α'_{p} 为计算极弧系数，等于气隙磁密平均值与幅值之比；l_{ef} 为电枢有效长度；τ 为极距，等于电枢周长与极数之比。

线负荷 A 是电枢在圆周单位长度上的安培导体个数，表达式为

$$A = \frac{mN_1 I}{\pi D} \tag{2-5}$$

其中，N_1 为每相串联导体数；D 为电枢直径。

考虑以上关系，将式(2-1)～式(2-5)联立可得

$$\frac{D^2 l_{ef} n}{P'} = \frac{6.1}{\alpha'_p K_{Nm} K_{dp} A B_{\delta}} \tag{2-6}$$

对感应电机来说，计算功率可根据额定功率 P_N 来确定，即

$$P' = \frac{K_E P_N}{\eta_N \cos\phi_N} \tag{2-7}$$

其中，K_E 为额定负载情况下感应电势比端电压的值；η_N 和 $\cos\phi_N$ 为额定效率和额定功率因数。

因此，感应电机的主要体积 V 与主要技术参数之间的关系可表示为

$$V = D^2 l_{ef} = \frac{6.1}{\alpha'_p K_{Nm} K_{dp}} \cdot \frac{1}{AB_{\delta}} \cdot \frac{1}{n} \cdot \frac{K_E P_N}{\eta_N \cos\phi_N} \tag{2-8}$$

根据表 2-1 给定的设计指标，这里给出主要参数的计算过程。为了满足定子两部分互补组成整个圆筒形的要求，使两部分机械参数、电磁参数尽量一致，尽量满足径向力的平衡问题，预先确定主要尺寸比 $\lambda=4$。

满载电势标幺值为

K_E=0.0108lnP_N−0.013P+0.931=0.0108ln2.2−0.013×4+0.931=0.8875

计算功率为

$$P' = K_E \frac{P_N}{\eta_N \cos\phi_N} = 0.8875 \cdot \frac{2200}{0.5 \times 0.5} = 7810\text{VA}$$

初选计算极弧系数 α'_p=0.63，气隙磁场分布系数 K_{Nm}=1.1，绕组系数 K_{dp}=1，电负荷 A=68500A/m，气隙磁密 B_{δ}=0.7T，假定 n=700r/min，则

$$V = \frac{6.1}{\alpha'_p K_{Nm} K_{dp}} \cdot \frac{1}{AB_{\delta}} \cdot \frac{1}{n} \cdot \frac{K_E P_N}{\eta_N \cos\phi_N}$$
$$= \frac{6.1}{0.63 \times 1.1 \times 1} \cdot \frac{1}{68500 \times 0.7} \cdot \frac{7810}{700}$$
$$= 0.002\text{m}^3$$

由于主要尺寸比 $\lambda=4$，因此旋转部分定子铁芯内径初步计算值为

$$D'_{t1} = \sqrt[3]{\frac{2p}{\lambda\pi}V} = \sqrt[3]{\frac{8}{4\pi} \times 0.002} = 0.1084\text{m}$$

定子内外径初步计算值为

$$D'_1 = D'_{t1} / (D_{t1} / D) = \frac{0.1084}{0.69} = 0.157\text{m}$$

参考定子尺寸标准，取定子外径 $D_1=0.155\text{m}$，定子内径 $D_{t1}=0.098\text{m}$。

定子铁芯的有效长度计算值为 $l_{ef} = \frac{1}{2}\pi D_{t1} = 0.157\text{m}$。

按生产要求，铁芯长度采取 5mm 进制，所以铁芯长度取 0.155m。定子直线部分主要尺寸也随之确定，与旋转部分相同。

2.5　两自由度直驱感应电机气隙选择

感应电机的功率因数主要由空载电流决定，为了减小空载电流，气隙 δ 的取值在一般情况下要尽可能小。然而，气隙的取值也不能过小，不然会对机械可靠度造成影响，同时增大谐波磁场和漏抗，降低起动转矩，以及最大转矩。增大谐波转矩和附加损耗会导致较大的温升与噪声[50,51]。气隙厚度 δ 主要由定子内径、轴径，以及转子的外径决定。电机的各个部件在加工装配时会有一定的误差，并且轴径和轴承间距离对轴的挠度有影响较大。定子、转子配合在一起后，两者之间的同轴度将决定气隙均匀程度。因此，合理的气隙大小对电机的性能来说至关重要。

对于小功率的电机，可以用笼型转子感应电机经验公式计算气隙长度，即

$$\delta = 0.0003\left(0.4 + 7\sqrt{D_{t1}l_t}\right) \tag{2-9}$$

其中，D_{t1} 为定子内径；l_t 为铁芯长度。

计算得到电机的气隙长度约为 1mm。对于本书采用的实心转子来说，其表面附加损耗比笼型转子感应电机大得多，而增大气隙长度是降低附加损耗和提高效率最有效的措施。经验表明，将实心转子感应电机的气隙相对于同等级笼型转子感应电机增大 50%～100%时，表面附加损耗最多可降低 80%。因此，把电机气隙初步确定为 2mm[30]。

2.6　两自由度直驱感应电机绕组与线规设计

考虑要设计的电机结构的特殊性，为简化结构、降低加工难度，每极每相槽数 q 取 1，则槽数为 $Z_1=2m_1pq=2\times3\times4\times1=24$(旋转、直线运动部分各取一半值，即 12)。

在绕组和线规设计中[52,53]，绕组形式多选为交流电机绕组。

1. 单层绕组

单层绕组有如下优点。

① 槽内不需层间绝缘，槽利用率比较高。

② 同一个槽里的导体同属于某一相，不会有不同相之间击穿的情况出现。

③ 总线圈数比双层绕组少一半，下线较为便利。

其主要不足之处如下。

① 一般做成短距难度较大，所以磁势波形没有双层绕组的好。

② 导线线径较大时，不容易向槽内下线，且对端部的形状调整难度大，所以单层绕组适合小功率感应电机。

单层同心式绕组、单层链式绕组，以及单层交叉式绕组之间的区别仅在于端部形状、节距，以及连接顺序的不同。

① 单层同心式绕组的两个线圈边能够一起放入槽里，下线简单，容易实现自动化加工。一般对 2 极电机适用。同心式绕组的缺点在于端部用铜量较大，同一个极相组内的各线圈大小不同，加工过程比较复杂。

② 单层链式绕组虽然同一极相组内的各线圈大小一样，但是下线不太容易，一般对 4、6、8 极电机适用。

③ 单层交叉式绕组能够节省端部用铜量，但在 q 为偶数时相对于同心式或链式并没有优势，因此较少使用。

2. 双层叠绕组

双层叠绕组一般应用于大功率感应电机，主要优点如下。

① 能够选用有利的节距改良磁势，以及电势的波形，提高电机的电气性能。

② 容易排列端部。

③ 每个线圈的大小都一样，加工方便，但是绝缘材料使用量大，不易下线。

考虑本书 2DOF-DDIM 的定子，每极每相槽数 q 的值为 1。为了降低加工难度，选用单层链式绕组。

有功电流大小为

$$I_{KW} = \frac{\sqrt{3}P_N}{mU_N} = 3.343\text{A}$$

相电流大小为

$$I = \frac{I_{KW}}{\eta_N \cos\varphi} = 13.372\text{A}$$

每相串联导体数为

$$\begin{aligned} N_{\varphi 1} &= \frac{1}{2} \times \frac{\eta\cos\varphi\pi D_{t1}A}{mI_{KW}} \\ &= \frac{1}{2} \times \frac{0.5 \times 0.5 \times \pi \times 0.098 \times 68500}{3 \times 3.343} \\ &= 263 \end{aligned}$$

电机电流比较大时，为了尽量不采用过大的导线线径，通常把定子各相绕组接成 a 路并联，将每支路电流减到 a 分之一，或用多根导线并绕。此外，也可以既采用多路并联，又采用多根导线并绕。设计主要根据生产工艺来选择。由于本电机相电流不大，不采用多路并联，即并联支路数 $a=1$，因此每槽导体数为

$$N_{s1} = \frac{maN_{\varphi 1}}{Z} = \frac{3 \times 1 \times 263}{12} = 65.75 \approx 65$$

确定线规，须先确定电流密度。电流密度 J 的选择对电机运行性能和成本有很大的影响，当电流密度 J 较大时，可以减小导线线径，使成本下降。与此同时，也会加大损耗，降低效率，提高温升，使电机的寿命和可靠性大打折扣。

一般情况下，对小型、中型、大型的铜导线电动机，J 的选取可以在 $4 \times 10^6 \sim 6.5 \times 10^6\text{A/m}^2$ 的范围。在电机设计过程中，一般通过控制 A 与 J 的乘积控制温升，因此在选择电流密度时还要考虑选取的线负荷。参考同功率等级感应电机的设计，电流密度初选为 $6.5 \times 10^6\text{A/m}^2$，导线截面积可按照该公式初步估算，即

$$A = \frac{I}{aN_{t1}J} \tag{2-10}$$

结合相电流、并联支路数、电流密度进行计算，可得

$$N_{t1}A = \frac{I}{aJ} = \frac{13.372}{1 \times 6.5} = 2.0572\text{mm}^2$$

根据漆包线标准选用截面积比较接近的导线，并绕根数 N_{t1} 取 2，线径 d 取 1.12mm，绝缘后线径 $d=1.18\text{mm}$，单根截面积 $S=0.9854\text{mm}^2$，$N_{t1}S=1.9704\text{mm}^2$。

2.7　两自由度直驱感应电机定子槽形设计

常用的感应电机槽形有四种，即梨形槽、梯形槽、半开口槽、开口槽。其中，梨形槽和梯形槽是半闭口槽，槽的底部比顶部宽，齿壁基本上平行。中小型感应电机的定子槽形一般采用半闭口梨形槽。这种槽形相对于其他几种槽形具有开口较小的优点，铁芯表面损耗与齿部脉振损耗也较小，而且具有较小的气隙系数，能改善功率因数，使励磁电流减小。槽面积的利用率也较高，模具寿命长，绝缘材料的弯曲度小，可靠性好。小功率感应电机也可选用半闭口平底槽。定子的旋转部分采用半闭口梨形槽即可使齿壁基本平行，而在定子的直线部分，因为各个定子槽排列在一条直线上，若要使齿壁平行就必须采用平行槽，所以尺寸可以在旋转运动部分的槽形尺寸设计好之后由其等效变换而来。

定子旋转部分的槽形尺寸可以参考相似功率等级和尺寸的感应电机标准来确定。定子旋转运动部分槽形图如图 2-10 所示。定子旋转运动部分槽形尺寸如表 2-2 所示。

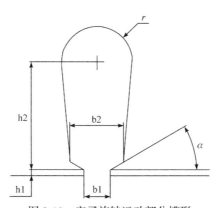

图 2-10　定子旋转运动部分槽形

表 2-2　定子旋转运动部分槽形尺寸

项目	尺寸
b1	2.8 mm
b2	7.7 mm
h1	0.5 mm
h2	18.5 mm
α	30°
r	5.1 mm

保持齿宽、槽距、槽面积等参数不变，将梨形槽等效变换为矩形槽，定子直线运动部分槽形如图 2-11 所示。具体尺寸参数如表 2-3 所示。

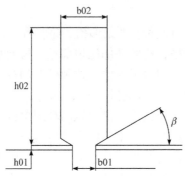

图 2-11　定子直线运动部分槽形

表 2-3　定子直线运动部分槽形尺寸

项目	尺寸
b01	2.8mm
b02	9.5mm
h01	0.5mm
h02	22.3mm
β	30°

旋转部分与直线部分采用相同的齿距，旋转部分齿槽分布仍按整个圆周均匀分布的形式，则齿距为

$$t = \frac{\pi D_{t1}}{2Z} = \frac{\pi \times 0.098}{24} = 0.0128\text{m}$$

旋转部分和直线部分的有效槽面积(不计槽口和槽肩，计算面积减去绝缘纸所占面积)经过计算分别为 S_r=193.77mm^2 和 S_l=193.48mm^2，则两者槽满率分别为 93.4%和 93.5%。

2.8　两自由度直驱感应电机转子结构与材料设计

在长次级的实心转子感应电机中，有下述三种常用的次级材料形式。

① 钢次级，就是只采用钢，也称为磁性次级，既导电，也导磁。

② 复合次级，在钢次级的基础上再加一层良好的导电材料层，也可以在此基础上在钢下布置类似于普通感应电机的硅钢铁芯，导电材料通常采用铜板或铝板，

这样良好导电材料层是主要的导电材料，而导磁依靠的仍是钢板和硅钢。

③ 非磁性次级，就是只采用良好导电材料层，用铜板或铝板。

先前出现过的实心转子感应电机一般都采用转轴外套用钢结构，然后采用钢次级结构进行分析，钢材料选用 20 号钢。由于转子需要做轴向运动，转子总长度不能小于定子长度与轴向有效行程的总和，因此轴向行程初步定为 500mm，转子总长即定子长度加行程，共 655mm。电机主要设计参数如表 2-4 所示[54]。转子的具体结构对电机性能的影响将在后续章节分析。

表 2-4　电机主要设计参数

项目	旋转部分	直线部分
定子内径/mm	98	98
定子外径/mm	155	155
定子轴向长度/mm	135	156
槽数	12	12
绕组匝数	65	65
线径/mm	0.56	0.56
气隙厚度/mm	2	2
动子长度/mm	655	
动子铜层厚度/mm	1.5	
动子钢层厚度/mm	7	

2.9　本　章　小　结

本章通过介绍 2DOF-DDIM 结构的选择依据，论证采用感应电机实心转子结构的优势，给出初步设计的电机基本结构方案，同时分析两自由度直驱实心转子感应电机的基本工作原理，进行 2DOF-DDIM 结构初步设计，提出电机设计技术参数要求，并根据电机设计原理进行电磁设计，初步确定定子主要尺寸、气隙长度、绕组参数、定子槽形尺寸，以及转子结构、尺寸、材料。

第3章　两自由度直驱感应电机电磁特性建模研究

3.1　复合多层理论法建模及分析

3.1.1　复合多层理论法建模

考虑 2DOF-DDIM 旋转自由度部分与直线自由度部分结构参数基本是对称的，两者之间可相互等效。为了简化分析，本章从单自由度的角度出发，采用复合多层理论法(composite multilayer method, CMM)对 2DOF-DDIM 进行数学建模并分析，提出复合多层理论程序流程图，解决程序设计中参数确定的难题。对 2DOF-DDIM 运行特性进行分析，并与有限元计算及实验测试结果对比，验证所提方法的正确性。

为建立 2DOF-DDIM 多层数学模型，首先做出如下假设。

① 将电机沿周向展开、径向拉伸成无限长平板结构。

② 只考虑各场量的基波，忽略位移电流和磁场饱和。

③ 忽略动子曲率和假设(动子材料为各向同性)。

④ 三相定子电流由位于定子与气隙接触面的电流层代替。忽略该电流层厚度，该电流层沿周向无限长。

⑤ 定子槽开口的影响，用 Carter 系数 $K_c\left(K_c=\dfrac{t_1}{t_1-\upsilon_1\delta}\right)$ 表示，其中 t_1 为齿距，δ 为气隙厚度，υ_1 为常用系数。

⑥ 端部效应以端部效应系数 $K_e\left(K_e=1+\dfrac{2\tau}{\pi L_e}\right)$ 表示，其与定子结构参数有关，其中 τ 为极距。

对于 2DOF-DDIM，$\upsilon_1=\dfrac{(\mathrm{b01}/\delta)^2}{4.4+0.75(\mathrm{b01}/\delta)}$，其中槽宽 $\mathrm{b01}=2.5\mathrm{mm}$，气隙厚度 $\delta=1\mathrm{mm}$，齿距 $t_1=5.6\mathrm{mm}$，极距 $\tau=45.16\mathrm{mm}$，定子轴向长度 $L_e=130\mathrm{mm}$。代入 K_c、K_e 的计算公式，可求得 $K_c=1.21$、$K_e=1.22$。基于传统的多层理论模型，可以建立 2DOF-DDIM CMM 层模型(图 3-1)，其动子沿径向分成若干层。

其中，第一层为半无限大平面，第 1~N-2 层为钢层区域，第 N 和 N-1 层分别对应铜层区域和气隙区域。分层数越多，即 N 越大，计算精度越高，相应的计算时间越长。σ_i 为各层区域材料的电导率，ω_i 为角频率，μ_i 为各层区域靠近定子一侧，即该层上表面对应的磁导率($i=1, 2, \cdots, N-2$)，x、y、z 分别代表电机的周向、径向、轴向。

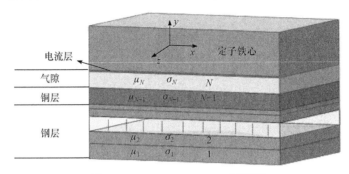

图 3-1　2DOF-DDIM CMM 层模型

无限薄电流层 J 正弦分布，以同步速度沿 x 轴移动，即

$$J = J_0 e^{j(\omega_1 t - ax)} \tag{3-1}$$

其中，$a = \pi / \tau$，τ 为极距；ω_1 为角频率；J_0 为定子电流密度幅值，即

$$J_0 = \frac{2\sqrt{2}m_1 K_{dp}W}{\pi D_{i1}} I_1 \tag{3-2}$$

其中，m_1 为定子绕组相数；$K_{dq}W$ 为定子每相串联匝数；I_1 为定子相电流；D_{i1} 为定子内半径。

根据假设①～⑥可得电磁场关系，即

$$\begin{cases} \dot{B} = B_x \dot{e}_x + B_y \dot{e}_y \\ \dot{E} = E_z \dot{e}_z \end{cases} \tag{3-3}$$

其中，$\dot{B}$ 为磁通密度；$\dot{E}$ 为电场强度；$\dot{e}_x$、$\dot{e}_y$、$\dot{e}_z$ 为 x、y、z 方向的单位矢量。

令 $\dot{H}$ 为磁场强度，由 Maxwell 方程组(3-4)，以及电磁场量关系式(3-5)可得各场量关系方程组(3-6)，即

$$\begin{cases} \nabla \times \dot{H} = \dot{J} \\ \nabla \times \dot{E} = -\partial \dot{B} / \partial t \end{cases} \tag{3-4}$$

$$\begin{cases} \dot{J} = \sigma \dot{E} \\ B_x = \mu_i H_x \end{cases} \tag{3-5}$$

$$
\begin{cases}
\dfrac{\mathrm{d}^2 B_y}{\mathrm{d}y^2} = (a^2 + \mathrm{j}\omega_i \mu_i \sigma_i) B_y \\[2mm]
E_z = -\dfrac{\omega_i}{a} B_y \\[2mm]
H_x = \dfrac{1}{\mathrm{j}\mu_i a} \dfrac{\mathrm{d}B_y}{\mathrm{d}y}
\end{cases}
\tag{3-6}
$$

解方程组(3-6)可得

$$
\begin{cases}
B_y = A\operatorname{ch}(\gamma_i y) + B\operatorname{sh}(\gamma_i y) \\[2mm]
H_x = \dfrac{\gamma_i}{\mathrm{j}\mu_i a}[A\operatorname{sh}(\gamma_i y) + B\operatorname{ch}(\gamma_i y)]
\end{cases}
\tag{3-7}
$$

其中，$\gamma_i = (a^2 + \mathrm{j}\omega_i \mu_i \sigma_i)^{1/2}$，与透入深度有关；$A$、$B$ 为待定系数。

考虑各层边界条件，即

$$
\begin{cases}
y = 0, \quad B_y = B_{yi-1}, \quad H_x = H_{xi-1} \\[2mm]
y = b_i, \quad B_y = B_{yi}, \quad H_x = H_{xi}
\end{cases}
\tag{3-8}
$$

其中，$y=0$ 代表第 $i-1$ 层和第 i 层的交界处；b_i 为第 i 层的层厚；H_{xi} 和 B_{yi} 分别为第 i 层区域上表面(即靠近气隙侧)的切向磁场强度和径向磁通密度。

由此可得电磁场传递矩阵方程，即

$$
\begin{bmatrix} B_{yi} \\ H_{xi} \end{bmatrix} =
\begin{bmatrix}
\cosh(\gamma_i b_i) & \dfrac{1}{\beta_i}\sinh(\gamma_i b_i) \\[3mm]
\beta_i \sinh(\gamma_i b_i) & \cosh(\gamma_i b_i)
\end{bmatrix}
\begin{bmatrix} B_{yi-1} \\ H_{xi-1} \end{bmatrix}
\tag{3-9}
$$

其中，$\beta_i = \gamma_i / (\mathrm{j}a\mu_i)$。

总体边界条件为

$$
\begin{cases}
H_{x1} = \beta_1 B_{y1} \\[2mm]
H_{xn} = J_0
\end{cases}
\tag{3-10}
$$

气隙中的拉氏方程为

$$
\begin{cases}
\dfrac{\partial^2 A_{gx_1}}{\partial x_1^2} + \dfrac{\partial^2 A_{gx_1}}{\partial y^2} + \dfrac{\partial^2 A_{gx_1}}{\partial z^2} = 0 \\[3mm]
\dfrac{\partial^2 A_{gz}}{\partial x_1^2} + \dfrac{\partial^2 A_{gz}}{\partial y^2} + \dfrac{\partial^2 A_{gz}}{\partial z^2} = 0
\end{cases}
\tag{3-11}
$$

铜层内的涡流方程为

$$
\begin{cases}
\dfrac{\partial^2 A_{2x}}{\partial x^2} + \dfrac{\partial^2 A_{2x}}{\partial y^2} + \dfrac{\partial^2 A_{2x}}{\partial z^2} = \mathrm{j}s\omega_1\mu_2\sigma_2 A_{2x} \\[3mm]
\dfrac{\partial^2 A_{2z}}{\partial x^2} + \dfrac{\partial^2 A_{2z}}{\partial y^2} + \dfrac{\partial^2 A_{2z}}{\partial z^2} = \mathrm{j}s\omega_1\mu_2\sigma_2 A_{2z}
\end{cases}
\tag{3-12}
$$

钢层内的涡流方程为

$$
\begin{cases}
\dfrac{\partial^2 A_{1x}}{\partial x^2} + \dfrac{\partial^2 A_{1x}}{\partial y^2} + \dfrac{\partial^2 A_{1x}}{\partial z^2} = \mathrm{j}s\omega_1\mu_1\sigma_1 A_{1x} \\[3mm]
\dfrac{\partial^2 A_{1z}}{\partial x^2} + \dfrac{\partial^2 A_{1z}}{\partial y^2} + \dfrac{\partial^2 A_{1z}}{\partial z^2} = \mathrm{j}s\omega_1\mu_1\sigma_1 A_{1z}
\end{cases}
\tag{3-13}
$$

其中，A_{gx_1}（A_{gz}）、A_{2x}（A_{2z}）、A_{1x}（A_{1z}）分别为气隙、转子铜层、转子钢层中矢量磁位的 x（z）轴向分量。

设气隙中的矢量磁位为

$$
A_{gz} = \sum_n C_{gn} \mathrm{e}^{\mathrm{j}(\omega_1 t + ax_1)} \frac{1}{n} \sin\frac{n\pi}{L_e} z = \sum_n A_{gzn}
\tag{3-14}
$$

分别对 x_1 和 z 求二阶微分，可得

$$
\frac{\partial^2 A_{gz}}{\partial x_1^2} = -a^2 \sum_n C_{gn} \mathrm{e}^{\mathrm{j}(\omega_1 t + ax_1)} \frac{1}{n} \sin\frac{n\pi}{L_e} z = -a^2 \sum_n A_{gzn}
\tag{3-15}
$$

$$
\frac{\partial^2 A_{gz}}{\partial z^2} = -\sum_n \left(\frac{n\pi}{L_e}\right)^2 C_{gn} \mathrm{e}^{\mathrm{j}(\omega_1 t + ax_1)} \frac{1}{n} \sin\frac{n\pi}{L_e} z = -\sum_n \left(\frac{n\pi}{L_e}\right)^2 A_{gzn}
\tag{3-16}
$$

将式(3-15)、式(3-16)代入式(3-11)中，可得

$$
\frac{\partial^2 A_{gz}}{\partial y^2} = \sum_n \left[a^2 + \left(\frac{n\pi}{L_e}\right)^2 \right] A_{gzn} = \sum_n \lambda^2 A_{gzn}
\tag{3-17}
$$

式中，$\lambda = \sqrt{a^2 + \left(\dfrac{n\pi}{L_e}\right)^2} = \dfrac{\pi}{\tau}\sqrt{1 + \left(\dfrac{n\tau}{L_e}\right)^2}$。

求解式(3-17)，可得

$$
A_{gz} = \sum_n C_{gn}\left(\mathrm{ch}\lambda_n y + D_{gn}\mathrm{sh}\lambda_n y\right)\mathrm{e}^{\mathrm{j}(\omega_1 t + ax_1)} \frac{1}{n} \sin\frac{n\pi}{L_e} z
\tag{3-18}
$$

利用 $\operatorname{div} A = 0$，可得

$$
A_{gx_1} = -\int \frac{\partial A_{gz}}{\partial y}\mathrm{d}x_1 = \sum_n \frac{\mathrm{j}\pi}{aL_e} C_{gn}\left(\mathrm{ch}\lambda_n y + D_{gn}\mathrm{sh}\lambda_n y\right)\mathrm{e}^{\mathrm{j}(\omega_1 t + ax_1)} \cos\frac{n\pi}{L_e} z
\tag{3-19}
$$

则气隙方程的解为

$$
\begin{cases}
A_{gz} = \sum_n C_{gn} \left(\text{ch}\lambda_n y + D_{gn} \text{sh}\lambda_n y \right) \text{e}^{\text{j}(\omega_1 t + ax_1)} \dfrac{1}{n} \sin\dfrac{n\pi}{L_e} z \\[4mm]
A_{gx_1} = \sum_n \dfrac{\text{j}\pi}{aL_e} C_{gn} \left(\text{ch}\lambda_n y + D_{gn} \text{sh}\lambda_n y \right) \text{e}^{\text{j}(\omega_1 t + ax_1)} \cos\dfrac{n\pi}{L_e} z
\end{cases}
\tag{3-20}
$$

设铜层、钢层中矢量磁位为

$$
A_{2z} = \sum_n C_{2n} \text{e}^{\text{j}(s\omega_1 t + ax_1)} \frac{1}{n} \sin\frac{n\pi}{L_e} z = \sum_n A_{2zn}
\tag{3-21}
$$

$$
A_{1z} = \sum_n C_{1n} \text{e}^{\text{j}(s\omega_1 t + ax_1)} \frac{1}{n} \sin\frac{n\pi}{L_e} z = \sum_n A_{1zn}
\tag{3-22}
$$

则可以求得铜层涡流方程和钢层涡流方程的解。

铜层涡流方程的解为

$$
\begin{cases}
A_{2z} = \sum_n C_{2n} \left(\text{ch}\alpha_n y + D_{2n} \text{sh}\alpha_n y \right) \text{e}^{\text{j}(s\omega_1 t + ax)} \dfrac{1}{n} \sin\dfrac{n\pi}{L_e} z \\[4mm]
A_{2x} = \sum_n \dfrac{\text{j}\pi}{aL_e} C_{2n} \left(\text{ch}\alpha_n y + D_{2n} \text{sh}\alpha_n y \right) \text{e}^{\text{j}(s\omega_1 t + ax)} \cos\dfrac{n\pi}{L_e} z
\end{cases}
\tag{3-23}
$$

钢层涡流方程的解为

$$
\begin{cases}
A_{1z} = \sum_n C_{1n} \text{e}^{\beta_n y} \text{e}^{\text{j}(s\omega_1 t + ax)} \dfrac{1}{n} \sin\dfrac{n\pi}{L_e} z \\[4mm]
A_{1x} = \sum_n \text{j}\dfrac{\pi}{aL_e} \sum_n C_{1n} \text{e}^{\beta_n y} \text{e}^{\text{j}(s\omega_1 t + ax)} \cos\dfrac{n\pi}{L_e} z
\end{cases}
\tag{3-24}
$$

其中，$\lambda_n = \dfrac{\pi}{\tau}\sqrt{1 + \left(\dfrac{n\pi}{L_e}\right)^2}$；$\alpha_n = \sqrt{\lambda_n^2 + \text{j}s\omega_1\mu_2\sigma_2}$；$\beta_n = \sqrt{\lambda_n^2 + \text{j}s\omega_1\mu_1\sigma_1}$；$C_{gn}$、$D_{gn}$、$C_{2n}$、$D_{2n}$、$C_{1n}$ 为 5 个待定系数，可以由联立边界条件确定。

边界条件有以下五点。

① 定子表面磁场强度切向分量之差等于定子线电流密度。由于定子铁芯磁导率无穷大，因此

$$
\frac{1}{\mu_g} \frac{\partial A_{gz}}{\partial y}\bigg|_{y=g} = \dot{K}_{sz}
\tag{3-25}
$$

② 转子表面处矢量磁位连续，即

$$
A_{2z}\big|_{y=0} = A_{gz}\big|_{y=0}
\tag{3-26}
$$

③ 转子表面处的磁场强度切向分量相等，即

$$\frac{1}{\mu_2}\frac{\partial A_{2z}}{\partial y}\bigg|_{y=0} = \frac{1}{\mu_g}\frac{\partial A_{gz}}{\partial y}\bigg|_{y=0} \tag{3-27}$$

④ 转子铜层与钢层交界面处的向量磁位连续，即

$$A_{2z}\big|_{y=-d_2} = A_{1z}\big|_{y=-d_2} \tag{3-28}$$

⑤ 转子铜层与钢层交界面处的磁场强度切向分量必须相等，即

$$\frac{1}{\mu_2}\frac{\partial A_{2z}}{\partial y}\bigg|_{y=-d_2} = \frac{1}{\mu_1}\frac{\partial A_{1z}}{\partial y}\bigg|_{y=-d_2} \tag{3-29}$$

由边界条件得出的 5 个方程可以求解式(3-20)、式(3-23)和式(3-24)向量磁位中的待定系数 C_{gn}、D_{gn}、C_{2n}、D_{2n}、C_{1n}，即

$$\begin{cases} C_{gn} = C_{2n} = \dfrac{4}{\pi}\dfrac{\mu_g K_z}{\lambda_n \mathrm{sh}\lambda_n g + \alpha_n D_{2n}\mathrm{ch}\lambda_n g} \\[2mm] D_{gn} = \dfrac{\alpha_n}{\lambda_n D_{2n}} \\[2mm] D_{2n} = \dfrac{\mu_r \alpha_n \mathrm{th}(-\alpha_n d_2) - \beta_n}{\beta_n \mathrm{th}(-\alpha_n d_2) - \mu_r \alpha_n} \\[2mm] C_{1n} = \dfrac{4}{\pi}\dfrac{\mu_g K_z \mathrm{e}^{\beta_n d_2}\left[\mathrm{ch}(-\alpha_n d_2) + D_{2n}\mathrm{sh}(-\alpha_n d_2)\right]}{\lambda_n \mathrm{sh}\lambda_n g + \alpha_n D_{2n}\mathrm{ch}\lambda_n g} \end{cases} \tag{3-30}$$

任何电磁场量都包括电磁强度、磁场强度、电流密度等，可以由相应的矢量磁位得出。根据该模型在直角坐标系 x 与 z 的轮换对称性，可以得出直线运动部分的电磁场量，然后经过叠加直角坐标系到柱面坐标系的转换关系，可得实际电机中的电磁场量。

值得注意的是，复合多层理论与传统多层理论不同，第(N–1)层(铜层)计算方法存在差异，一般引入传播常数对铜层参数单独计算。除此之外，利用层理论法对电机进行数学建模时，其程序设计中许多参数的选择和确定是其应用推广的一大难题。

3.1.2　复合多层理论法程序设计

复合多层理论的程序由 MATLAB 编制，其主体思想是根据数学模型，设计迭代程序，考虑动子钢层磁场沿径向的变化及铜层参数处理的特殊性，求解各场量数值及磁场分布，确定电机等效电路参数，分析电机运行特性。2DOF-DDIM

复合理论程序流程图如图 3-2 所示。

程序涉及的参数选取规则如下。

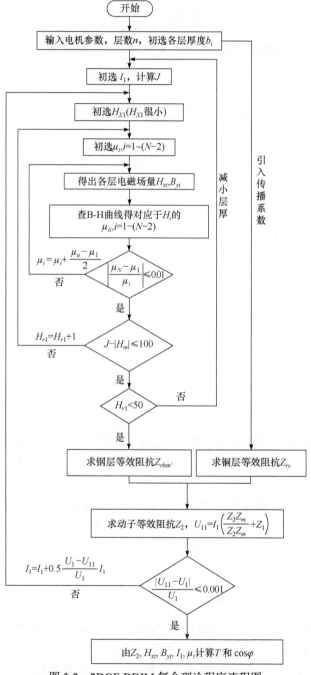

图 3-2　2DOF-DDIM 复合理论程序流程图

① 层数 n 为任意值，一般来说，n 越大，各层厚度越薄，则计算结果越精确，但是相应的计算所需时间就越多，计算带来的误差累积也越大[39]。具体的分层数可根据要分层的总体厚度确定，这里取 $n=7$。

② 考虑场中各电磁场量的幅值随着进入动子的深度而逐渐衰减，因此对于径向分层采用非等分分层方式，即越靠近气隙侧，层厚越小，而靠近动子轴中心侧的层厚则可取相对较大的数值。

③ 给定子电流 I_1 及 $\mu_1 \sim \mu_{N-2}$ 赋任意值，为提高程序收敛迭代速度，其取值参照实际电机参数及经验。

④ 随着电机运行转差率的减小，第一层区域的磁场强度 H_{x1} 逐渐增大，因此为了满足层模型总体边界条件式(3-10)，进一步提高程序计算精度，转差率为 1 时，H_{x1} 的值应小于 50，这里将其初设为 1。经多次迭代计算可求得一个最终的 H_{x1}，若其值大于 50，则通过调整各层的厚度使之满足要求。

⑤ 确定好初始参数后，根据传递矩阵(3-9)和总体边界条件式(3-10)，可以计算得到各层磁场分量 H_{xi}、H_{yi}，以及 B_{yi} ($i=1,2,\cdots,N$)的数值，从而求得合成磁场强度 $H_i = \sqrt{H_{xi}^2 + H_{yi}^2}$。值得注意的是，层理论法的一个优点就是考虑动子钢材料的非线性的 B-H 特性。具体实施方式是采用高阶抛物线拟合 B-H 曲线，如式(3-31)所示，并将之代入复合多层理论迭代程序中，即

$$\mu = K_t H^{\frac{1-t}{t}} \tag{3-31}$$

对于 2DOF-DDIM 使用的动子钢，$K_t \approx 0.8$，$t \approx 7$。将求得的各层合成磁场强度 H_i 代入式(3-31)，可求得新的磁导率 μ_{ii}，将 μ_{ii} 应用到下一轮的迭代循环中。当磁导率计算误差满足精度要求时，则跳出该层循环。

⑥ 根据 μ_{ii} 的值，经过传递矩阵，循环迭代，可以求出最外层的磁场强度 H_{xN}。考虑总体边界条件(3-10)，当 H_{xN} 与 J_0 的误差满足精度要求时，跳出该层循环。

⑦ 当循环④、⑤、⑥均满足条件时，求出此时的各层磁场量 H_{xi}、H_{yi}、B_{yi}，代入式(3-32)，计算钢层阻抗，即

$$Z_{\text{steel}} = \frac{4m_1(K_{dp}W)^2}{\pi D_2} Z_{N-2} L_e K_e \tag{3-32}$$

其中，D_2 为动子外半径；L_e 为定子铁芯有效长度；Z_{N-2} 为波阻抗，即

$$Z_{N-2} = \frac{s\omega_1}{a} \frac{B_{yN-2}}{H_{xN-2}} \tag{3-33}$$

其中，s 为电机运行转差率；B_{yN-2} 和 H_{xN-2} 为钢层表面的径向磁通密度和切向磁场强度。

⑧ 对于 2DOF-DDIM，经过多次尝试，仅采用传统的多层理论法计算铜层参数时，会出现迭代循环收敛速度很慢，甚至陷入死循环等现象。为了克服该难题，在计算 2DOF-DDIM 铜层等效电路参数时，引入传播常数 K_{Cu} [55]，即

$$Z_{Cu} = \frac{j\omega_{Cu}\mu_{Cu}}{K_{Cu}} \frac{1}{K_{Cu}b_{Cu}} \frac{L_e}{\tau} \frac{K_e}{s} \tag{3-34}$$

$$K_{Cu} = \left(\alpha_{Cu}^2 + \beta^2\right)^{1/2} \tag{3-35}$$

其中，b_{Cu} 为铜层厚度；ω_{Cu} 为铜层角频率；μ_{Cu} 为铜层磁导率；β 为实常数，$\beta = \pi/\tau$；α_{Cu} 用于考虑磁场复杂的传播特性，即

$$\alpha_{Cu} = (j\omega_{Cu}\mu_{Cu}\sigma_{Cu})^{1/2} \tag{3-36}$$

其中，σ_{Cu} 为铜层电导率。

⑨ 将步骤⑦和步骤⑧求出的钢层阻抗 Z_{steel} 和铜层阻抗 Z_{Cu} 代入式(3-37)，可以求出动子阻抗 Z_2，即

$$Z_2 = \frac{Z_{Cu}Z_{steel}}{Z_{Cu} + Z_{steel}} \tag{3-37}$$

⑩ 代入阻抗参数，计算定子电压 U_{11}，将此时得到的 U_{11} 与实际所加定子电压 U_1 对比，两者误差满足精度要求时跳出循环；否则，根据电机参数，重新计算定子电流 I_1，开始新一轮的迭代循环。

⑪ 当所有的约束条件都满足时，跳出所有循环。通过计算得到 I_1、μ_i、H_{xi}，以及 B_{yi} 等参数的精确结果，可以得到动子内部磁场分布。

程序涉及的一些关键参数，如 U_{11}、I_1、$H_x(n)$ 的收敛过程如图 3-3 所示。可以看出，对于 U_{11}，其仅需 12 次迭代便可收敛到实际所加定子电压 U_1；对于 I_1，仅需 14 次迭代便可达到稳定状态，对于 $H_x(n)$，其迭代收敛到 J_0 的次数不高于 95。值得注意的是，整个程序计算所需要的时间仅为 0.84s。

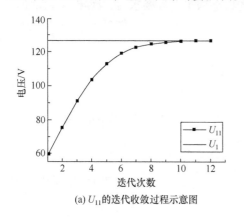

(a) U_{11}的迭代收敛过程示意图

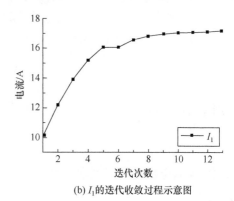

(b) I_1的迭代收敛过程示意图

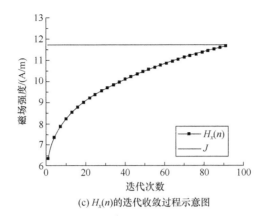

(c) $H_x(n)$的迭代收敛过程示意图

图 3-3　关键参数收敛过程示意图，以 U_{11}、I_1、$H_x(n)$为例($s=0.8$)

3.1.3　复合多层理论法与有限元法对比

为验证 CMM 的正确性，同时对 2DOF-DDIM 的运行性能进行分析，建立 2DOF-DDIM 旋转部分二维有限元模型，如图 3-4 所示。其运行在转差率为 0.8 时的磁通密度分布图如图 3-5 所示。

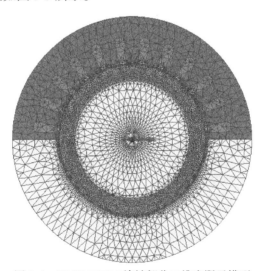

图 3-4　2DOF-DDIM 旋转部分二维有限元模型

可以看出，随着磁场透入深度的增大，即与气隙侧距离越远，电机动子内的磁通密度越小。该趋势与 CMM 解析分析的结果吻合。

分别采用 CMM 和二维 FEM 分析 2DOF-DDIM 旋转部分稳态运行特性。图 3-6～图 3-8 所示为电机运行在稳定状态时，电机的输出转矩、功率因数，以及定子电流随转差率的变化情况。相关数据整理结果如表 3-1 所示。

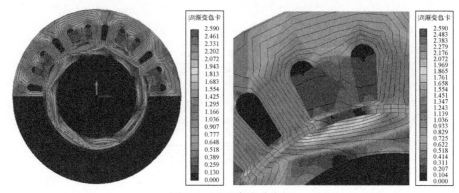

图 3-5 磁通密度分布图

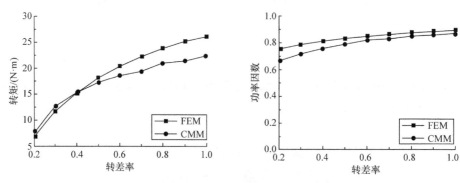

图 3-6 转矩和转差率　　　　　　　图 3-7 功率因数和转差率

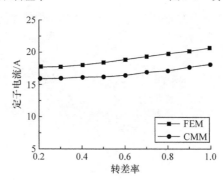

图 3-8 定子电流和转差率

表 3-1 转矩、功率因数、转差率整理结果

转差率	转矩			功率因数			定子电流		
	FEM /(N·m)	CMM /(N·m)	误差/%	FEM	CMM	误差/%	FEM/A	CMM/A	误差/%
0.2	6.96	7.63	9.63	0.75	0.67	10.67	17.59	15.95	9.32
0.3	11.67	12.64	8.31	0.79	0.72	8.86	17.79	16.03	9.89

续表

转差率	转矩			功率因数			定子电流		
	FEM /(N·m)	CMM /(N·m)	误差/%	FEM	CMM	误差/%	FEM/A	CMM/A	误差/%
0.4	15.26	15.45	1.24	0.82	0.76	7.32	18.1	16.16	10.72
0.5	18.11	17.32	4.36	0.84	0.79	5.95	18.49	16.24	12.16
0.6	20.41	18.58	8.97	0.85	0.82	3.53	18.92	16.48	12.89
0.7	22.27	19.43	12.75	0.86	0.83	3.49	19.37	16.98	12.33
0.8	23.81	20.97	11.92	0.876	0.85	2.97	19.82	17.19	13.26
0.9	25.10	21.37	14.86	0.885	0.86	2.82	20.25	17.71	12.54
1	26.09	22.43	14.03	0.894	0.87	2.68	20.68	18.14	12.28

可以发现，应用 CMM 与有限元计算得到的功率因数的数值较为吻合。前者计算的结果略低于后者的结果，误差在小转差率时略高，但最大误差低于 11%，在大转差率时误差不超过 5%，满足所需精度要求。与功率因数相比，CMM 与 FEM 计算得到的定子电流误差，以及输出转矩误差较高。其范围在 9%~14% 之间。造成误差的原因主要有以下几个方面。

① 复合多层理论忽略了电机运行时存在的磁场饱和效应。

② CMM 中用到的定子的电阻、电抗，以及励磁电抗等为计算所得的结果，因此存在一定的误差。

③ 忽略了谐波的影响。

④ 复合多层理论计算磁场参数时，忽略了动子内磁场沿轴向及周向的变化，仅考虑沿径向的变化情况。

⑤ 程序用到的一些修正系数是按经验值选取的，因此存在误差。

考虑以上原因，其误差数值均小于 15%，可以认为满足了精度要求。值得注意的是，CMM 计算所需时间(小于 1s)远小于有限元计算所需的时间(根据模型大小计算时间从几分钟到数小时不等)，完全满足设计优化的需求。除此之外，通过编程实现 CMM 的应用，便于参数的修改，利于 2DOF-DDIM 初步设计和优化时参数的变更，比 FEM 更方便有效。

3.1.4　实验验证

图 3-9 和图 3-10 所示为 2DOF-DDIM 测试平台[56]，主要包括以下部分。

① 驱动源：2DOF-DDIM。

② 变频器：安川 YASKAWA V1000。

采用两个相互独立的变频器，输入 AC 380V，输出两组三相的脉冲宽度调制

(pulse width modulation, PWM)波分别向 2DOF-DDIM 的旋转运动部分和直线运动部分定子绕组供电。

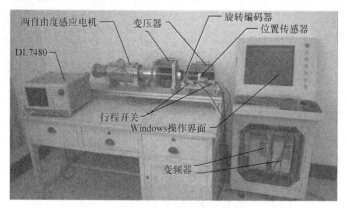

图 3-9　2DOF-DDIM 样机测试平台

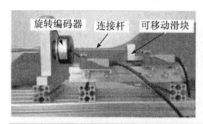

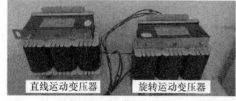
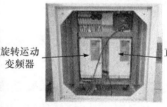

图 3-10　2DOF-DDIM 样机测试平台的主要部分

③ 控制器：TRIO MC403 运动控制器。

TRIO MC403 是一款高性能的运动协调控制器，通过 TRIO MC403 实现对 2DOF-DDIM 的旋转运动、直线运动、螺旋运动的控制。

④ 位置传感器：SIKO MSK5000-0241。

通过光栅编码对电机动子做直线运动时的轴向位置和速度进行检测。

⑤ OMRON 限位开关。

为防止电机动子做直线运动时的动子轴向运动行程超过允许范围或者产生撞击，采用限位开关控制电机的轴向行程极限并提供正反方向的切换信号。

⑥ SZKT 旋转编码器。

旋转编码器主要用于检测电机动子做旋转运动的动子转速大小和方向,并进行信号反馈。

⑦ 示波器:横河 YOKOGAWA DL7480。

示波器主要用于观测实验时系统各个电压和电流的情况。

⑧ 操作界面:Motion Perfect v3.2。

Motion Perfect 除了可以观察部分实验数据和波形外,更重要的是可以对电机进行在线编程调试和控制。

恒压频比条件下,给旋转部分弧形定子提供电源,直线部分不供电,进行样机实验。由于实验条件的限制,加载实验尚不能完成,因此仅对电机进行空载实验测试。由于轴承摩擦等因素,尽管未带负载,经测量电机的实际运行转差率为0.115,其定子电流测试结果可通过示波器或者旋转部分变频器读出。图 3-11 所示为旋转部分弧形定子施加 88V-20Hz 激励源时,示波器输出定子电流结果,可以看出其显示幅值为 117.8mV。这是因为测试电流时采用的电流互感器比为100/1,因此实际所得电流幅值为 11.7A,有效值为 8.33A。同理,可测得恒压频比条件下电机运行在其他频率时的定子电流,将其与 CMM 所得的结果进行对比,如图 3-12 所示。可以看出,CMM 定子电流计算结果与实验测试结果相比误差小于 10%,满足设计精度需求。对于直线部分仍可采用相同的解析方法进行分析。然而,由于样机动子轴向长度较短,直线运动并不能达到稳定运行状态,因此仅对堵转状态下 CMM、FEM,以及样机测试所得到的电机定子电流、功率因数进行对比。直线部分结果对比(s=1, V/F=180/10)如表 3-2 所示。

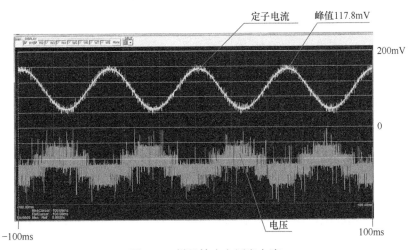

图 3-11　样机输出电压和电流

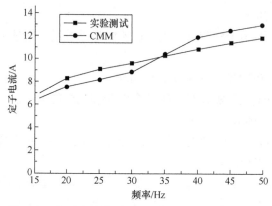

图 3-12　定子电流结果对比(恒压频比控制, s=0.115)

表 3-2　直线部分结果对比(s=1, V/F=180/10)

参数	CMM	FEM	样机测试	误差/%
直线定子电流/A	26.52	25.59	26.73	0.79 (与样机测试结果对比)
功率因数	0.54	0.49	—	10.2 (与有限元结果对比)

可以看出，转差率为 1 时，采用 CMM 分析的 2DOF-DDIM 直线部分结果与样机测试结果相比，其定子电流误差仅为 0.79%；与有限元结果相比，其功率因数误差不超过 11%，均满足所需精度要求。因此，可以采用 CMM 对 2DOF-DDIM 进行初步的设计分析和优化。

由于电机内部旋转磁场与行波磁场之间相互耦合，磁场分布十分复杂，CMM 在两自由度运动分析方面的适用性和有效性需要进一步讨论。

3.2　等效电路建模与验证

3.2.1　等效复数磁导率的概念

对于多自由度感应电机，考虑动子的空间多自由度运动，动子结构一般采用铁磁材料，依靠铁磁体内交变磁场下的感应涡流产生作用力。这种多自由度感应电机与实心转子感应电机有一个共同的特点，即转子参数的计算不同于常规电机，常规电机的磁路和电路分别独立且可以用"路"的形式进行等效计算，而具有铁磁体转子的磁场和电流均以场的形式分布在转子内。其计算方法比较复杂。一些文献通过透入深度法、坡印廷向量法、FEM 和场路耦合法进行转子参数的计算和特性分析[57-59]。然而，透入深度法只适用于一种材料的铁磁体结构，对复合结构的转子并不适用；坡印廷向量法是从电磁场的角度出发进行计算的，对铁磁材料磁导率沿径向非线性变化和集肤效应影响难以精确考虑。透入深度法和坡印廷向量法都属于解析法，有一定的理想假设条件，因此计算精度不高。FEM 和场路耦合法相对来说精确度较高，但这两种方法会占用大量的计算机资源且非常耗时。本章利用三维电磁场的计算结果，结合等效复数磁导率和表面阻抗的概念计算电机转子参数建立单相等效电路。

根据对于转子电磁场的分析，镀铜空心铁磁转子电流以涡流场的形式分布在电机转子的铜层和钢层中。从磁路的角度考虑，很难实现对等效电路转子参数的计算。另外，铁磁体材料的磁导率是非线性变化的，同时磁导率是关于磁场强度和转差率的函数，转子钢层的参数还受到非线性磁化和磁滞效应的影响。因此，需要从电磁场量的计算出发，采用等效复数磁导率[57,60]，即

$$\mu = \mu_{rs}(\mu_{re} - \mathrm{j}\mu_{im}) \tag{3-38}$$

其中，$\mu_{re} = a_R a_X$；$\mu_{im} = 0.5(a_R^2 - a_X^2)$；$\mu_{rs}$ 为介质表面相对磁导率。

在铁磁体二维或三维电磁场分析中，利用等效复数磁导率可以将铁磁体材料磁导率的非线性变化和磁滞效应的影响考虑在内。a_R 用来反映铁磁体非线性磁导率和磁滞效应对应的电阻和有功损耗的影响。a_X 用来反映铁磁体非线性磁导率和磁滞效应对应的电抗和无功损耗的影响。系数 a_R 和 a_X 只取决于表征铁磁体材料属性的磁参数，与磁场的频率无关。根据文献[60]，对于普通铁磁体材料有 $a_R \approx 1.45$、$a_X \approx 0.85$。如果认为铁磁体材料是线性的，即忽略铁磁体材料的非线性性质和磁滞效应，则 $a_R = 1$、$a_X = 1$。在这种情况下，等效复数磁导率为一个实数磁导率，对应的解析模型就不考虑非线性性质和磁滞效应。等效复数磁导率中的系数 a_R 和 a_X 可以灵活用于铁磁体材料的线性和非线性性质。其影响直接反映在解析结果的复数传播常量和积分常量中[57]。

3.2.2　钢层和铜层等效阻抗

根据电磁场计算结果，利用表面阻抗求取钢层的等效阻抗。钢层表面阻抗等于钢层与铜层交界面处，即 $y = d_2$ 时，电场强度的 z 轴分量与磁场强度的 x 轴分量的比值，即

$$z_{\mathrm{Fe}} = \left. \frac{E_z}{H_x} \right|_{y=d_2} \tag{3-39}$$

其中，$E_z = -\dfrac{\partial A_{1z}}{\partial t}$；$H_x = \dfrac{1}{\mu_1}\dfrac{\partial A_{1z}}{\partial y}$。

采用等效复数磁导率的概念可得[60]

$$z_{\text{Fe}} = \frac{j\omega\mu_{\text{Fe}}}{\kappa_{\text{Fe}}} \frac{1}{\tanh(\kappa_{\text{Fe}}d_{\text{Fe}})} \frac{L_e}{\tau} \tag{3-40}$$

其中，μ_{Fe} 为转子钢层材料的磁导率；d_{Fe} 为钢层的厚度；L_e 为电机定子轴向长度；τ 为定子极距；κ_{Fe} 为电磁波基波在铁磁材料中的复数传播常量，$\kappa_{\text{Fe}} = (a_R + ja_X)k$，可取 $a_R \approx 1.45$、$a_X \approx 0.85$，k 为透入深度的倒数，即 $k = \sqrt{\omega\mu_0\mu_r\sigma/2}$。

对于次级铁轭(铁磁体材料)在不同频率下的磁场透入深度的计算，由于集肤效应，当频率由 3.72Hz 逐渐增加到 50Hz 时，磁场的透入深度由 2.99mm 减小为 0.8mm[61]。所述电机的钢层厚度大于工频条件磁场的最大透入深度，可以认为钢层厚度无穷大，即 $d_{\text{Fe}} \to \infty$。$\tanh(\kappa_{\text{Fe}}d_{\text{Fe}}) \to 1$，所以钢层的等效阻抗为

$$Z_{\text{Fe}} = (a_R + ja_X)k_z \frac{L_e}{\tau} \sqrt{\frac{\pi sf\mu_0\mu_{rs}}{\sigma_{\text{Fe}}}} = R_{\text{Fe}} + jX_{\text{Fe}} \tag{3-41}$$

将转子阻抗乘以绕组折算系数 k_{tr} 和频率折算因子 $\dfrac{1}{s}$，可以得到归算到定子侧系统的转子阻抗，即

$$Z'_{\text{Fe}} = k_{tr}Z_{\text{Fe}}\frac{1}{s} = (a_R + ja_X)k_{tr}k_z\frac{L_e}{\tau}\sqrt{\frac{\pi f\mu_0\mu_{rs}}{s\sigma_{\text{Fe}}}} = R'_{\text{Fe}} + jX'_{\text{Fe}} \tag{3-42}$$

$$R'_{\text{Fe}} = a_R Z_c \sqrt{\frac{\mu_{rs}}{s}} \tag{3-43}$$

$$X'_{\text{Fe}} = a_X Z_c \sqrt{\frac{\mu_{rs}}{s}} \tag{3-44}$$

其中，R'_{Fe} 和 X'_{Fe} 为归算到定子侧的等效电路中的转子支路电阻和电抗；$Z_c = k_{tr}k_z\dfrac{L_e}{\tau}\sqrt{\dfrac{\pi f\mu_0}{\sigma_{\text{Fe}}}}$ 为与转差率 s 和钢层表面相对磁导率 μ_{rs} 无关的常量。

这说明，常规鼠笼异步电机等效电路中转子电阻与转差率 s 成反比，而电抗却与转差率无关。实心转子感应电机的等效电路转子电阻和电抗均与转差率 s 成反比关系。

关于铜层等效阻抗的计算。对于直线感应电机的铜质反应板在不同频率下磁场透入深度的计算，由于集肤效应，当频率由 3.72Hz 逐渐增加到 50Hz 时，磁场的透入深度由 37.8mm 减小为 10.4mm[61]。所述电机的铜层厚度(1.1mm)远小于工频情况下磁场在铜层的最小透入深度，所以可以认为在不同转差率情况下，涡流只在宽度为 $0.5\pi D_2$，厚度为 Δ，长度为 L_e 的极薄区域内分布；在宽度方向上，涡流密度按周期为 2τ 的正弦规律分布；在厚度方向上，涡流密度均匀一致。

另外，假设涡流没有轴向和径向分量，仅有切向分量，则可以得出铜层的等效电阻为

$$r_{\text{Cu}} = \rho \frac{L_e}{A} \tag{3-45}$$

其中，$\rho = 1/\sigma_2$ 为转子铜层材料的电阻率；L_e 为定子和转子耦合部分长度；A 为涡流流经路径的总截面积，可以通过下式计算得出，即

$$A = 0.5\pi D_2 d_{\text{Cu}} \tag{3-46}$$

其中，D_2 为转子外径；d_{Cu} 为铜层厚度。

根据对磁导率修正系数的定义，对于顺磁性和抗磁性材料，$a_R = a_X = 1$[29,62]。因为铜属于抗磁性材料，所以按照常规电机转子阻抗的计算方法，经过绕组归算和频率归算可以得出电机单相等效电路中转子铜层的等效阻抗为

$$Z'_{\text{Cu}} = R'_{\text{Cu}} + jX'_{\text{Cu}} \tag{3-47}$$

$$R'_{\text{Cu}} = a_R k_{tr} k_z \frac{L_e}{0.5\sigma_2 \pi D_2 d_{\text{Cu}} As} \tag{3-48}$$

$$X'_{\text{Cu}} = a_X k_{tr} k_z \frac{L_e}{0.5\sigma_2 \pi D_2 d_{\text{Cu}} A} \tag{3-49}$$

其中，R'_{Cu} 和 X'_{Cu} 为等效电路中归算到定子侧反映转子铜层的电阻和电抗；$k_{tr} = \dfrac{m_1 (N_1 k_{w1})^2}{m_2 (N_2 k_{w2})^2} = \dfrac{2m_1 (N_1 k_{w1})^2}{p}$ 为绕组折算系数；$k_z = 1 + \dfrac{2}{\pi}\dfrac{\tau}{L_e}$ 为横向端部修正系数。

3.2.3 等效电路模型

在等效电路中，定子电阻 R_1、定子漏电抗 $X_{1\sigma}$、励磁电阻 R_m、励磁电抗 X_m 的计算可以依据常规异步电机或直线感应电机的相应参数计算方法得到。

定子绕组的相电阻 R_1 为

$$R_1 = K_{r1}\rho \frac{2l_{av}(W_1 K_{dp1})}{a_1 S_1} \tag{3-50}$$

其中，K_{r1} 为由于电流密度分布不均匀而引入的电阻增加系数，对于圆形导线的绕组可取 $K_{r1} = 1$；l_{av} 为平均半匝长度；$W_1 K_{dp1}$ 为定子绕组每相串联匝数；a_1 为并联支路数；S_1 为定子绕组每条并联支路数的导线横截面积；ρ 为导线的电阻率。

定子绕组漏抗 $X_{1\sigma}$ 为

$$X_{1\sigma} = 4\pi f \mu_0 \frac{N_1^2}{pq_1} l_E \left(\lambda_{s1} + \lambda_{\delta 1} + \lambda_t + \lambda_E \right) \tag{3-51}$$

其中，λ_{s1}、$\lambda_{\delta 1}$、λ_t 和 λ_E 分别为槽比漏磁导、谐波比漏磁导、齿顶比漏磁导和端部比漏磁导[30]；q_1 为每极每相槽数；l_E 为电枢轴向计算长度。

忽略励磁损耗，即励磁电阻 $R_m = 0$，则励磁电抗 X_m 为[63]

$$X_m = \frac{6\mu_0 \omega}{\pi^2} \cdot \frac{\tau l_E}{pg} \cdot (W_1 K_{dp1})^2 \tag{3-52}$$

双层复合实心转子的合成阻抗可以按照 Z'_{Fe} 和 Z'_{Cu} 的并联连接计算[29]。镀铜空心转子感应电机的等效电路如图 3-13 所示。

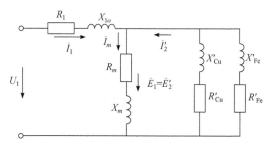

图 3-13　镀铜空心转子感应电机单相等效电路

利用等效电路可以计算电机的一些特性参数，如转子阻抗、转子电势、励磁电流、电磁功率等[49]。

转子阻抗为

$$Z'_2 = \frac{Z'_{Cu} Z'_{Fe}}{Z'_{Cu} + Z'_{Fe}} \tag{3-53}$$

转子电势为

$$\dot{E}'_2 = -\dot{I}'_2 Z'_2 \tag{3-54}$$

励磁电流为

$$\dot{I}_m = -\frac{\dot{E}'_2}{Z_m} \tag{3-55}$$

电磁功率为

$$P_{em} = m_1 E'_2 \dot{I}'_2 \tag{3-56}$$

定子电流为

$$\dot{I}_1 = \dot{I}_m + \left(-\dot{I}'_2 \right) \tag{3-57}$$

电磁转矩为

$$T_{em} = \frac{P_{em}}{\Omega_s} = \frac{m_1 E_2' \dot{I}_2'}{2\pi n_1 / 60} \qquad (3\text{-}58)$$

转子侧功率损耗为

$$P_{\mathrm{Cu2}} = s P_{em} \qquad (3\text{-}59)$$

附加损耗为

$$P_s = 0.02 P_N \times 10^3 \qquad (3\text{-}60)$$

机械损耗为

$$P_{\mathrm{mech}} = \left(\frac{3}{p}\right)^2 \left(\frac{D_1}{100}\right)^4 \times 10^4 \qquad (3\text{-}61)$$

输出功率为

$$P_2 = P_{em} - P_{\mathrm{Cu2}} - P_s - P_{\mathrm{mech}} \qquad (3\text{-}62)$$

定子铜耗为

$$P_{\mathrm{Cu1}} = m_1 I_1^2 R_1 \qquad (3\text{-}63)$$

输入功率为

$$P_1 = P_{em} + P_{\mathrm{Cu1}} + P_{\mathrm{Fe}} \qquad (3\text{-}64)$$

效率为

$$\eta = \frac{P_2}{P_1} \times 100\% \qquad (3\text{-}65)$$

功率因数为

$$\cos\phi_1 = \frac{P_1}{m_1 U_{N\phi} I_1} \qquad (3\text{-}66)$$

3.2.4　离线等效电路参数确定

由于旋转部分定子和直线部分定子都是开断的，2DOF-DDIM 的性能受纵向端部效应的影响。纵向端部效应的存在会影响旋转部分定子电阻、定子电感、转子电阻、转子电感和直线部分的初级电阻、初级电感、次级电阻和次级电感[64]。纵向端部效应随着电机速度的增大，其带来的影响越为明显，尤其是气隙电感、转子电阻和次级电阻的值会出现较大变化。本书提出的 2DOF-DDIM 结构比较特殊，因此普通异步电机的等效电路参数测定方法[65,66]不再适用。

Kang 等[67]提出一种新型的直线感应电机等效电路参数的离线测量方法。通过直流实验可以确定定子侧的电阻。在空载实验时，次级支路相当于开路，直线感应电机的等效电路可以简化为图 3-14。

采用直流实验，可以直接测出初级电阻值。在进行空载实验时，通过电压和电流幅值与相位角，可以算出定子侧电感值，即

$$L_s = \frac{U}{I} \sin\phi \tag{3-67}$$

其中，U 为空载单相电压；I 为空载单相电流；ϕ 为空载情况下的功率因数角。

当直线感应电机堵转时，等效电路可以简化为图 3-15。其中

$$R_{eq} = R_s + \frac{\omega^2 L_m^2 R_r}{R_r^2 + \omega^2 L_r^2} \tag{3-68}$$

$$L_{eq} = L_{1s} + \frac{L_m (R_r^2 + \omega^2 L_r L_{1r})}{R_r^2 + \omega^2 L_r^2} \tag{3-69}$$

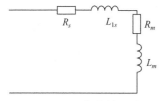
图 3-14　空载等效电路

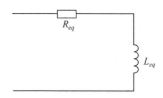
图 3-15　堵转等效电路

在堵转时，电机的堵转电压 U_2、电流 I_2 和功率因数 ϕ_2 都是可测的。R_{eq} 和 L_{eq} 可以通过式(3-70)和式(3-71)计算，即

$$R_{eq} = \frac{U}{I} \cos\phi_2 \tag{3-70}$$

$$L_{eq} = \frac{U}{I} \sin\phi_2 \tag{3-71}$$

在对直线感应电机离线静态等效电路参数进行计算时，上述开路实验和短路实验都是必不可少的。对于旋转感应电机来说，常常假设定子侧漏感和转子侧漏感相同。由于直线感应电机的定子是开断的，因此定子漏感加大。这时再假设定子漏感等于转子漏感便不再合适。目前常用的静态等效电路参数计算方法包含以下两种。

(1) 方法一

文献[66], [67]采用迭代的方法，迭代求出次级电感和电阻，方法如下。

假设

$$\delta = L_s - L_{eq} \tag{3-72}$$

$$\beta = \frac{L_m}{L_r} \qquad (3\text{-}73)$$

其中，β 为经验系数，普通旋转感应电机为 0.96，直线感应电机为 0.92[25,26]。

当选择的 ω 足够大，以至于 $R_r \ll \omega^2 L_r^2$ 时，可得

$$R_{eq} \approx R_s + \frac{L_m^2}{L_r^2} R_r = R_s + \beta^2 R_r \qquad (3\text{-}74)$$

$$L_{eq} \approx L_{1s} + \frac{L_m}{L_r} L_{1r} = L_{1s} + \beta L_{1r} \qquad (3\text{-}75)$$

由式(3-75)可知

$$\beta L_{1r} = L_{eq} - L_{1s} = L_{eq} - L_s + L_m = L_m - \delta \qquad (3\text{-}76)$$

因此

$$L_{1r} = \frac{L_m - \delta}{\beta} \qquad (3\text{-}77)$$

又因为

$$L_r = L_m + L_{1r} \qquad (3\text{-}78)$$

联立式(3-77)和式(3-78)可得

$$L_r = \frac{(1+\beta)L_m - \delta}{\beta} \qquad (3\text{-}79)$$

由式(3-74)可得

$$R_r = \frac{R_{eq} - R_s}{\beta^2} \qquad (3\text{-}80)$$

代入式(3-75)可得关于 L_m 的三阶多项式，即

$$L_m^3 + AL_m^2 + BL_m + C = 0 \qquad (3\text{-}81)$$

其中

$$A = \frac{-(1+\beta)\delta}{\beta} + \frac{\delta}{1+\beta}$$

$$B = \frac{2\delta^2}{\beta}$$

$$C = \frac{-\delta\beta R_r^2}{\omega^2(1+\beta)} - \frac{\delta^3}{\beta(1+\beta)}$$

可以看出，在三阶多项式中，A、B、C 的值均已知，未知量只有 L_m。

要求解式(3-81)，可以采用数值法，令

$$Z_k = s_k^3 + As_k^2 + Bs_k + C \tag{3-82}$$

采用迭代的方法，令 s_k 从零开始，按给定的步长进行迭代。步长越小，计算结果越准确。当 $Z_kZ_{k+1} < 0$ 时，取 $L_m = \dfrac{s_k + s_{k+1}}{2}$，此时的 L_m 可以满足三阶多项式等于零。

从式(3-82)可知，$L_s - L_{eq} = L_m - \beta L_r$，因此 $L_m > L_s - L_{eq}$，可以取 s_k 从 $L_s - L_{eq}$ 开始，加快求解速度。方法一的具体实现程序流程图如图 3-16 所示。

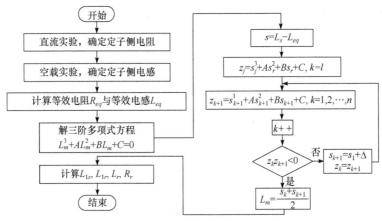

图 3-16　程序流程图

(2) 方法二

方法二与方法一本质上类似，同样需要使用经验系数 β。令

$$\beta = \frac{L_m}{L_r} \tag{3-83}$$

$$L_{1s} = L_s - L_m \tag{3-84}$$

将式(3-83)和式(3-84)代入式(3-69)进行化简，可得

$$R_r^2 = \frac{L_m^2\omega^2 L_r}{L_s - L_{eq}} - \omega^2 L_r^2 \tag{3-85}$$

代入式(3-68)，化简可得

$$L_m = \frac{(R_s - R_{eq})^2 + \omega^2(L_s - L_{eq})^2}{(L_s - L_{eq})\omega^2\beta} \tag{3-86}$$

可以看出，L_s、L_{eq}、ω、β、R_s 和 R_{eq} 均是已知量，因此可求出 L_m 的值。

由式(3-83)可知，$L_r = \dfrac{L_m}{\beta}$，进而得出次级电感值。

综合比较两种方法，可以发现它们的本质是一样的。方法一采用省略简化的方法估算 L_m 的值。方法二采用直接代换的方法求解电感值，不需要取较大的电源频率，可实施性强。因此，本章采用第二种方法进行求解。

由于两种方法都需要做堵转实验，堵转实验会导致电机电流过大，因此本章采用 FEM 建立 2DOF-DDIM 的三维有限元模型，计算空载和堵转情况下，旋转部分与直线部分的电流、电压和功率因数。旋转部分的空载堵转参数和等效电路参数如表 3-3 和表 3-4 所示。

表 3-3　旋转部分空载堵转参数

工况	电压/V	电流/A	功率因数
空载	127	15.55	0.55
堵转	127	16.2	0.77

表 3-4　旋转部分等效电路参数

定子电阻/Ω	定子漏感/mH	激磁电感/mH	转子漏感/mH	转子电阻/Ω
4.51	11	10.8	0.9	1.238

由于直线部分与旋转部分等效电路参数测定方法相同，因此直线部分等效电路计算不再重复描述。

3.2.5　等效电路分析结果与有限元法分析结果对比

根据等效电路，以及相关特性计算公式可以计算电机的一些特性参数，如定子相电流、电磁转矩、效率、功率因数。转子阻抗随转差率变化情况如图 3-17 所示。当转差率增大时，由于集肤效应和端部效应的加剧，理论上转子电阻应该增大，但由于转子电阻的变化率和转差率相比要小得多，因此经过等效电路折算后，转子电阻随转差率增大而变小，转子阻抗也随转差率增大而变小，并且是非线性变化的。

旋转运动部分都是依照解析法进行分析的，分析过程选用工频交流电源，而对直线运动部分的仿真是在非工频情况下进行的。我们将解析法得到的定子电流、电磁转矩、效率、功率因数与旋转运动部分有限元仿真的结果进行对比，结果如图 3-18～图 3-21 所示。

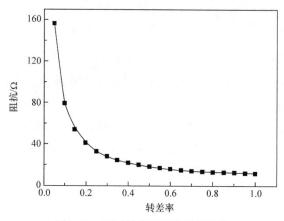

图 3-17 不同转差率下的转子阻抗

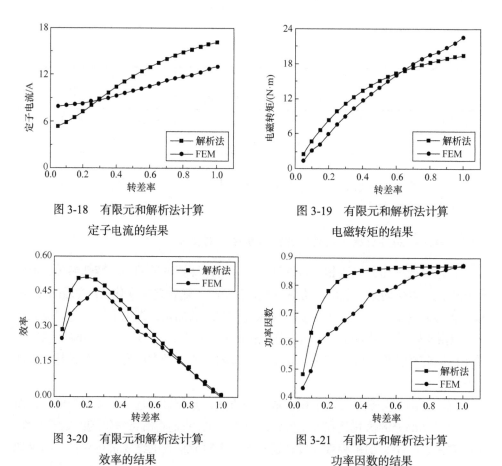

图 3-18 有限元和解析法计算
定子电流的结果

图 3-19 有限元和解析法计算
电磁转矩的结果

图 3-20 有限元和解析法计算
效率的结果

图 3-21 有限元和解析法计算
功率因数的结果

由图 3-18～图 3-21 可见，两者的求解结果整体较为吻合，其中对电磁转矩、效率的求解结果比较接近，而对定子相电流、功率因数的求解结果相差较大。一般认为，在建模方法恰当的前提下，FEM 的精度比较高。解析法误差较大的原因主要有以下几点，首先解析法忽略了纵向端部效应和谐波的影响。其次，解析法是将电机展开为平板模型进行分析，从而忽略曲率效应。各种修正系数的选取都依靠经验，尤其是对等效复数磁导率的定义。最后，默认铜层内的电流密度是均匀的。从以上总结可见，解析法具有各种典型缺点，主要是因为将情况理想化、依靠经验等。FEM 根据具体模型来求解参数，不采用近似法和经验，能够考虑更多的因素。通过以上对比分析，证实了等效平板模型和等效电路模型进行的计算有一定的可行性，FEM 的计算结果更加精确。

3.3　基于 MATLAB/Simulink 的建模与验证

2DOF-DDIM 数学建模的假设包括以下条件。

① 初级铁芯的磁导率很大，其饱和影响可以忽略不计，磁滞损耗和集肤效应均忽略不计。

② 各种场量在空间和时间上是作正弦规律变化的。

结合对 2DOF-DDIM 感应耦合和动态耦合的分析，在对该电机进行建模时，还需要做出以下假设。

① 通过对感应耦合的电磁推力和电磁转矩对比,确定感应耦合效应对旋转部分与直线部分的影响相对较小。为降低建模难度，暂时忽略感应耦合对该电机电磁性能的影响。

② 动态耦合对旋转运动与直线运动的耦合影响较大，因此不可忽略。我们进行建模时只考虑动态耦合对旋转转矩和直线推力的影响，暂时忽略动态耦合对电机功率，以及损耗的影响。

在上述假设条件下,旋转部分与直线部分可以看作两个独立的直线感应电机，但是这两个电机各带一个与速度成正比的线性负载(在旋转部分与直线部分气隙磁通变化不大的前提下)。因此，在对该电机建模时，只需修正旋转部分与直线部分的转矩方程和推力方程。

3.3.1　旋转部分建模

由于 2DOF-DDIM 的旋转运动部分也属于直线感应电机，参考直线感应电机的数学模型[68-75]，则旋转部分的电压平衡方程为

$$
\begin{cases}
u_{Rs\alpha} = R_{Rs}i_{Rs\alpha} + R_{Rr}f(Q_1)(i_{Rs\alpha} + i_{Rr\alpha}) + \dfrac{\mathrm{d}\psi_{Rs\alpha}}{\mathrm{d}t} - \omega_{Rs}\psi_{Rs\beta} \\[2mm]
u_{Rs\beta} = R_{Rs}i_{Rs\beta} + R_{Rr}f(Q_1)(i_{Rs\beta} + i_{Rr\beta}) + \dfrac{\mathrm{d}\psi_{Rs\beta}}{\mathrm{d}t} + \omega_{Rs}\psi_{Rs\alpha} \\[2mm]
0 = R_{Rr}i_{Rr\alpha} + R_{Rr}f(Q_1)(i_{Rs\alpha} + i_{Rs\beta}) + \dfrac{\mathrm{d}\psi_{Rr\alpha}}{\mathrm{d}t} - (\omega_{Rs} - \omega_1)\psi_{Rr\beta} \\[2mm]
0 = R_{Rr}i_{Rr\beta} + R_{Rr}f(Q_1)(i_{Rs\beta} + i_{Rr\beta}) + \dfrac{\mathrm{d}\psi_{Rr\beta}}{\mathrm{d}t} + (\omega_{Rs} - \omega_1)\psi_{Rr\alpha}
\end{cases}
\tag{3-87}
$$

其中，$u_{Rs\alpha}$、$i_{Rs\alpha}$、$\psi_{Rs\alpha}$ 为旋转部分两相同步坐标系 α 轴下的初级电压、初级电流和初级磁链；$u_{Rs\beta}$、$i_{Rs\beta}$、$\psi_{Rs\beta}$ 为旋转部分两相同步坐标系 β 轴下的初级电压、初级电流和初级磁链；ω_{Rs} 为旋转部分两相同步坐标系下的同步旋转角速度；$i_{Rr\alpha}$、$\psi_{Rr\alpha}$ 为旋转部分两相同步坐标系 α 轴下的转子的电流和磁链；$i_{Rr\beta}$、$\psi_{Rr\beta}$ 为旋转部分两相同步坐标系 β 轴下的转子的电流和磁链；ω_1 为旋转部分两相同步坐标系下的转子角速度；R_{Rs} 和 R_{Rr} 分别为旋转部分初级线圈电阻和转子线圈电阻；Q_1 为端部效应系数，其值为 $Q_1 = \dfrac{\tau_{Rm}R_{Rr}}{(L_{Rm} + L_{R\sigma r})\omega_1}$，$\tau_{Rm}$ 为旋转部分初级线圈长度，L_{Rm} 为旋转部分初级次级互感，$L_{R\sigma r}$ 为旋转部分转子侧漏电感，$f(Q_1) = \dfrac{1 - e^{-Q_1}}{Q_1}$。

旋转部分磁链方程为

$$
\begin{cases}
\psi_{Rs\alpha} = (L_{Rs} - L_{Rm}f(Q_1))i_{Rs\alpha} + L_{Rm}(1 - f(Q_1))i_{Rr\alpha} \\[2mm]
\psi_{Rs\beta} = (L_{Rs} - L_{Rm}f(Q_1))i_{Rs\beta} + L_{Rm}(1 - f(Q_1))i_{Rr\beta} \\[2mm]
\psi_{Rr\alpha} = (L_{Rr} - L_{Rm}f(Q_1))i_{Rr\alpha} + L_{Rm}(1 - f(Q_1))i_{Rs\alpha} \\[2mm]
\psi_{Rr\beta} = (L_{Rr} - L_{Rm}f(Q_1))i_{Rr\beta} + L_{Rm}(1 - f(Q_1))i_{Rs\beta}
\end{cases}
\tag{3-88}
$$

其中，L_{Rs}、L_{Rm}、L_{Rr} 为旋转部分两相同步坐标系下初级电感、初级次级互感、次级电感。

转矩方程为

$$
T = n_{p1}\frac{L_{Rm}(1 - f(Q_1))}{(L_{Rr} - L_{Rm}f(Q_1))}(\psi_{Rr\alpha}i_{Rs\beta} - \psi_{Rr\beta}i_{Rs\alpha}) - k_s n
\tag{3-89}
$$

3.3.2　直线部分建模

2DOF-DDIM 直线部分同样可以等效为直线感应电机。参考直线感应电机数学模型，则直线部分两相同步坐标系下的电压平衡方程为

$$
\begin{cases}
u_{Ls\alpha} = R_{Ls}i_{Ls\alpha} + R_{Lr}f(Q_2)(i_{Ls\alpha}+i_{Lr\alpha}) + \dfrac{\mathrm{d}\psi_{Ls\alpha}}{\mathrm{d}t} - \omega_{Ls}\psi_{Ls\beta} \\[2mm]
u_{Ls\beta} = R_{Ls}i_{Ls\beta} + R_{Lr}f(Q_2)(i_{Ls\beta}+i_{Lr\beta}) + \dfrac{\mathrm{d}\psi_{Ls\beta}}{\mathrm{d}t} + \omega_{Ls}\psi_{Ls\alpha} \\[2mm]
0 = R_{Lr}i_{Lr\alpha} + R_{Lr}f(Q_2)(i_{Ls\alpha}+i_{Ls\beta}) + \dfrac{\mathrm{d}\psi_{Lr\alpha}}{\mathrm{d}t} - (\omega_{Ls}-\omega_2)\psi_{Lr\beta} \\[2mm]
0 = R_{Lr}i_{Rr\beta} + R_{Lr}f(Q_2)(i_{Ls\beta}+i_{Lr\beta}) + \dfrac{\mathrm{d}\psi_{Lr\beta}}{\mathrm{d}t} + (\omega_{Ls}-\omega_2)\psi_{Lr\alpha}
\end{cases} \tag{3-90}
$$

其中，$u_{Ls\alpha}$、$i_{Ls\alpha}$、$\psi_{Ls\alpha}$ 为直线部分两相同步坐标系 α 轴下的初级电压、初级电流和初级磁链；$u_{Ls\beta}$、$i_{Ls\beta}$、$\psi_{Ls\beta}$ 为直线部分两相同步坐标系 β 轴下的初级电压、初级电流和初级磁链；ω_{Ls} 为直线部分两相同步坐标系下的同步旋转角速度；$i_{Lr\alpha}$、$\psi_{Lr\alpha}$ 为直线部分两相同步坐标系 α 轴下的转子的电流和磁链；$i_{Lr\beta}$、$\psi_{Lr\beta}$ 为直线部分两相同步坐标系 β 轴下的转子的电流和磁链；ω_2 为直线部分两相同步坐标系下的转子角速度；R_{Ls} 和 R_{Lr} 分别为直线部分初级线圈电阻和转子线圈电阻；Q_2 为端部效应系数，其值为 $Q_2 = \dfrac{\tau_{Lm}R_{Lr}}{(L_{Lm}+L_{L\sigma r})\omega_2}$，$\tau_{Lm}$ 为直线部分初级线圈长度，L_{Lm} 为直线部分初级次级互感，$L_{L\sigma r}$ 为直线部分转子侧漏电感，$f(Q_2) = \dfrac{1-e^{-Q_2}}{Q_2}$。

直线部分磁链方程为

$$
\begin{cases}
\psi_{Ls\alpha} = (L_{Ls}-L_{Lm}f(Q_2))i_{Ls\alpha} + L_{Lm}(1-f(Q_2))i_{Lr\alpha} \\[1mm]
\psi_{Ls\beta} = (L_{Ls}-L_{Lm}f(Q_2))i_{Ls\beta} + L_{Lm}(1-f(Q_2))i_{Lr\beta} \\[1mm]
\psi_{Lr\alpha} = (L_{Lr}-L_{Lm}f(Q_2))i_{Lr\alpha} + L_{Lm}(1-f(Q_2))i_{Ls\alpha} \\[1mm]
\psi_{Lr\beta} = (L_{Lr}-L_{Lm}f(Q_2))i_{Lr\beta} + L_{Lm}(1-f(Q_2))i_{Ls\beta}
\end{cases} \tag{3-91}
$$

直线部分推力方程为

$$
F = n_{p2}\frac{\pi L_{Lm}(1-f(Q_2))}{\tau_2(L_{Lr}-L_{Lm}f(Q_2))}(\psi_{Lr\alpha}i_{Ls\beta}-\psi_{Lr\beta}i_{Ls\alpha}) - k_l v \tag{3-92}
$$

其中，L_{Ls}、L_{Lm}、L_{Lr} 为直线运动部分两相同步坐标系下初级电感、初级次级互感、次级电感。

3.3.3　基于 s 函数的 MATLAB 仿真建模

为了验证所建电机数学模型的正确性，可以在 MATLAB/Simulink 中建立该电机的仿真模型，通过与三维有限元模型结果对比，验证所建立数学模型的正确性。为在 MATLAB/Simulink 中建立电机的仿真模型，本节的目标是求出旋转运动部分和直线运动部分的空间状态方程。

(1) 旋转部分

令 $\omega_{Rs}=0$，联立式(3-87)～式(3-89)，可求出旋转运动部分两相静止坐标系下的空间状态方程，即

$$\frac{\mathrm{d}\psi_{R\alpha}}{\mathrm{d}t}=-\frac{R_{Rr}(1+f(Q_1))}{L_{Rr}-L_{Rm}f(Q_1)}\psi_{R\alpha}-\omega_1\psi_{Rr\beta}+\frac{R_{Rr}(L_{Rm}-L_{Rr}f(Q_1))}{L_{Rr}-L_{Rm}f(Q_1)}i_{Rs\alpha} \tag{3-93}$$

$$\frac{\mathrm{d}\psi_{Rr\beta}}{\mathrm{d}t}=-\frac{R_{Rr}(1+f(Q_1))}{L_{Rr}-L_{Rm}f(Q_1)}\psi_{Rr\beta}+\omega_1\psi_{Rr\alpha}+\frac{R_{Rr}(L_{Rm}-L_{Rr}f(Q_1))}{L_{Rr}-L_{Rm}f(Q_1)}i_{Rs\beta} \tag{3-94}$$

$$\begin{aligned}\frac{\mathrm{d}i_{Rs\alpha}}{\mathrm{d}t}=&\frac{R_{Rr}(L_{Rm}-L_{Rr}f(Q_1))}{(L_{Rr}-L_{Rm}f(Q_1))k}\psi_{Rr\alpha}+\frac{\omega_1 L_{Rm}(1-f(Q_1))}{(L_{Rr}-L_{Rm}f(Q))k_1}\psi_{Rr\beta}\\&-\left[R_{Rs}+R_{Rr}f(Q_1)-\frac{R_{Rr}L_{Rm}f(Q_1)(1-f(Q_1))}{L_{Rr}-L_{Rm}f(Q_1)}\right.\\&\left.+\frac{R_{Rr}L_{Rm}(1-f(Q_1))(L_{Rm}-L_{Rr}f(Q_1))}{(L_{Rr}-L_{Rm}f(Q_1))^2}\right]\frac{i_{Rs\alpha}}{k_1}+\frac{u_{Rs\alpha}}{k_1}\end{aligned} \tag{3-95}$$

$$\begin{aligned}\frac{\mathrm{d}i_{Rs\beta}}{\mathrm{d}t}=&-\frac{\omega_1 L_{Rm}(1-f(Q_1))}{(L_{rr}-L_{rm}f(Q_1))k_1}\psi_{rr\alpha}+\frac{R_{Rr}(L_{Rm}-L_{Rr}f(Q_1))}{(L_{rr}-L_{rm}f(Q_1))k}\psi_{Rr\beta}\\&-\left[R_{Rs}+R_{Rr}f(Q_1)-\frac{R_{Rr}L_{Rm}f(Q_1)(1-f(Q_1))}{L_{Rr}-L_{Rm}f(Q_1)}\right.\\&\left.+\frac{R_{Rr}L_{Rm}(1-f(Q_1))(L_{Rm}-L_{Rr}f(Q_1))}{(L_{Rr}-L_{Rm}f(Q_1))^2}\right]\frac{i_{Rs\beta}}{k_1}+\frac{u_{Rs\beta}}{k_1}\end{aligned} \tag{3-96}$$

(2) 直线部分

令 $\omega_{Ls}=0$，联立式(3-90)～式(3-92)，可得直线运动部分两相静止坐标系下的空间状态方程，即

$$\frac{\mathrm{d}\psi_{L\alpha}}{\mathrm{d}t}=-\frac{R_{Lr}(1+f(Q_2))}{L_{Lr}-L_{Lm}f(Q_2)}\psi_{L\alpha}-\omega_2\psi_{Lr\beta}+\frac{R_{Lr}(L_{Lm}-L_{Lr}f(Q_2))}{L_{Lr}-L_{Lm}f(Q_2)}i_{Ls\alpha} \tag{3-97}$$

$$\frac{\mathrm{d}\psi_{Lr\beta}}{\mathrm{d}t}=-\frac{R_{Lr}(1+f(Q_2))}{L_{Lr}-L_{Lm}f(Q_2)}\psi_{Lr\beta}+\omega_2\psi_{Lr\alpha}+\frac{R_{Lr}(L_{Lm}-L_{Lr}f(Q_2))}{L_{Lr}-L_{Lm}f(Q_2)}i_{Ls\beta} \tag{3-98}$$

$$\begin{aligned}\frac{\mathrm{d}i_{Ls\alpha}}{\mathrm{d}t}=&\frac{R_{Lr}(L_{Lm}-L_{Lr}f(Q_2))}{(L_{Lr}-L_{Lm}f(Q_2))k_2}\psi_{Lr\alpha}+\frac{\omega_2 L_{Lm}(1-f(Q_2))}{(L_{Lr}-L_{Lm}f(Q))k_2}\psi_{Lr\beta}\\&-\left[R_{Ls}+R_{Lr}f(Q_2)-\frac{R_{Lr}L_{Lm}f(Q_2)(1-f(Q_2))}{L_{Lr}-L_{Lm}f(Q_2)}\right.\\&\left.+\frac{R_{Lr}L_{Lm}(1-f(Q_2))(L_{Lm}-L_{Lr}f(Q_2))}{(L_{Lr}-L_{Lm}f(Q_2))^2}\right]\frac{i_{Ls\alpha}}{k_2}+\frac{u_{Ls\alpha}}{k_2}\end{aligned} \tag{3-99}$$

$$\frac{\mathrm{d}i_{Ls\beta}}{\mathrm{d}t}=-\frac{\omega_2 L_{Lm}(1-f(Q_2))}{(L_{Lr}-L_{Lm}f(Q_2))k_2}\psi_{Lr\alpha}+\frac{R_{Lr}(L_{Lm}-L_{Lr}f(Q_2))}{(L_{Lr}-L_{Lm}f(Q_2))k_2}\psi_{Lr\beta}$$

$$-\left[R_{Ls}+R_{Lr}f(Q_2)-\frac{R_{Lr}L_{Lm}f(Q_2)(1-f(Q_2))}{L_{Lr}-L_{Lm}f(Q_2)}\right.\tag{3-100}$$

$$\left.+\frac{R_{Lr}L_{Lm}(1-f(Q_2))(L_{Lm}-L_{Lr}f(Q_2))}{(L_{Lr}-L_{Lm}f(Q_2))^2}\right]\frac{i_{Ls\beta}}{k_2}+\frac{u_{Ls\beta}}{k_2}$$

依据上述旋转运动部分与直线运动部分的空间状态方程，在 MATLAB 中建立电机函数，同时搭建电机的转矩和推力模块[75-84]。直线运动部分仿真模型如图 3-22 所示。

由于旋转运动部分与直线运动部分相似，旋转运动部分的框图搭建步骤不再给出。将旋转运动部分与直线运动部分集成，可以搭建出 2DOF-DDIM 的 MATLAB 仿真图，如图 3-23 所示。

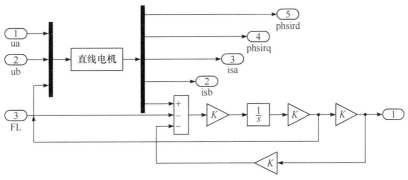

图 3-22　直线运动部分仿真模型

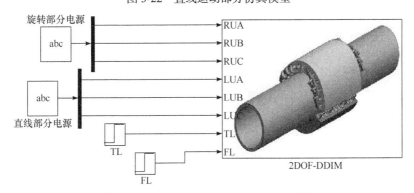

图 3-23　2DOF-DDIM 的 MATLAB 仿真图

3.3.4　数学模型正确性验证

为验证数学模型的正确性，需要将数学模型的仿真结果与有限元仿真结果进行对比。下面分三种情况验证有限元仿真结果与数学模型仿真结果的正确性。

(1) 旋转部分绕组通电，直线部分绕组不通电，对比动子旋转速度

当旋转部分绕组通入 50Hz 电源，直线部分绕组不通电时，直线部分对旋转运动没有影响，因此系数 $k_s = 0$。有限元模型与数学模型旋转速度对比如图 3-24 所示。可以看出，数学模型的旋转速度与有限元模型的旋转速度在 250ms 处达到稳态速度，二者的误差为 0.04%。有限元模型的旋转速度波动由磁场谐波引起。数学模型中假设气隙磁场为正弦波，不存在谐波的影响，因此稳态旋转速度不会出现波动。

(2) 旋转部分绕组不通电，直线部分绕组通电，对比动子直线位置

将直线部分绕组通入 10Hz 电源，而旋转部分绕组不通电。此时，旋转部分对直线运动没有影响，$k_l = 0$。这里采用 10Hz 的电源，是因为动子的直线行程很短，会限制动子的直线速度。有限元模型与数学模型直线位移对比如图 3-25 所示。在 0.4s 处，数学模型中的直线位置为 0.31905m，有限元中的直线位置为 0.31579m，二者之间的误差为 1.02%，验证了直线部分数学模型的正确性。

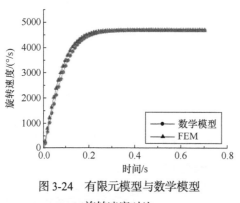

图 3-24　有限元模型与数学模型
旋转速度对比

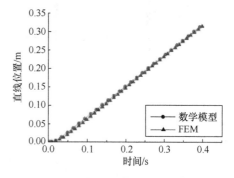

图 3-25　有限元模型与数学模型
直线位移对比

(3) 旋转部分绕组与直线部分绕组均通电，对比动子旋转速度和直线位置

将旋转部分与直线部分通电时，必须考虑二者之间的动态耦合效应。当旋转部分绕组通入 50Hz 电源，直线部分绕组通入 10Hz 的电源时，$k_s = 0.001537$、$k_l = 11.897$。有限元模型与数学模型的对比如图 3-26 所示。如图 3-26(a)所示，当旋转速度达到稳态时，数学模型的旋转速度为 3543°/s，有限元模型的旋转速度为 3516°/s，二者之间的误差为 0.7%。有限元模型的旋转速度波动是因为在有限元仿真中考虑谐波磁场的影响。数学模型的旋转速度没有波动是因为在建立模型时，假设旋转磁场为正弦波，不存在谐波磁场。如图 3-26(b)所示，在 0.4s 处数学模型中动子的位置为 0.3076m，有限元模型中动子的直线位置为 0.30106m，二者之间的误差为 2.13%。综上，数学模型的仿真结果与有限元的仿真结果基本吻合，验

证了考虑耦合影响的数学模型的正确性。

本节通过三种情况下 2DOF-DDIM 有限元模型与数学模型的对比，验证了数学模型的正确性。

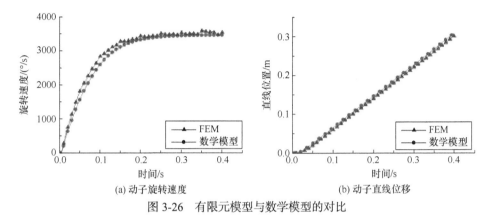

(a) 动子旋转速度　　　　　　　　　(b) 动子直线位移

图 3-26　有限元模型与数学模型的对比

3.4　本 章 小 结

多自由度电机基于解析法的数学建模一直是该类电机研究中的一个难点。本章在传统多层理论的基础上，引入传播常数，提出一种适应于 2DOF-DDIM 研究的复合多层理论。从单自由度电机角度出发，提出复合多层理论程序设计流程图，并解决层理论法应用中参数确定的难题。采用 CMM 对电机内部磁场分布进行分析，确定等效电路参数，对电机进行特性分析。采用 FEM 及样机实验进行验证，证实复合多层理论研究方法的正确性。与 FEM 相比，在满足精度要求的前提下，层理论法计算所需时间更短，并且参数修改和建模分析更为简单，可以用于电机的初步设计分析及优化。然后，通过对比两种离线等效电路参数计算方法，针对 2DOF-DDIM 的特有结构，选择更适合的等效电路参数确定方法，并建立考虑耦合效应的 2DOF-DDIM 数学模型，通过 MATLAB/Simulink 仿真与三维有限元仿真对比，验证数学模型的正确性。

第 4 章　两自由度直驱感应电机特性分析

由于电机转子采用实心转子，结构比较特殊，本章采用透入深度法对电机特性进行解析计算。在实际工作状况下，由于集肤效应的存在，转子的电流和磁通基本上都集中在其外表很薄的透入层内。涡流和磁场的分布明显不同于普通感应电机，而且参数是随着转差率变化的，所以实心转子感应电机的特性计算成为一个难点。根据设计原则，直线运动部分从旋转运动部分等效而来，所以对旋转部分进行分析计算的结果可以应用于直线运动部分。下面对旋转运动部分进行分析。

4.1　透入深度法的计算过程

透入深度法是研究实心转子感应电机特性的一种解析方法，通过解析计算转子参数来实现，计算需参考等值电路[85-87]。基本原理是把转子展为半无限大的平板结构。由此可见，该方法的分析结果也适用于直线运动部分。来自气隙的电磁场在透入转子之后，由于阻尼作用而衰减。为了便于分析，后续研究基于以下假设。

① 暂不考虑纵向端部效应。

② 将转子等效为半无限大的铁磁平板结构。

③ 对旋转部分的分析，涡流只在宽度为 $0.5\pi D_2$，厚度为 Δ，长度为 L 的极薄区域内分布，其中 D_2 是转子外径。

④ 在宽度方向上，涡流密度按周期为 2τ 的正弦规律分布。

⑤ 在厚度方向上，涡流密度均匀一致。

⑥ 涡流没有轴向及径向分量，仅有切向分量。

因此，可采用如下电阻计算公式来计算转子每相电阻，即

$$r_2 = \rho \frac{L}{A} \tag{4-1}$$

其中，ρ 为特定温度下转子材料的电阻率；$A = 0.5\pi D_2 \Delta$ 为涡流流经路径的总截面积；L 为定子和转子耦合部分长度。

根据铁磁材料的阻抗角保持不变的特性，就能够根据 r_2 算出 x_2 和 Z_2。考虑转子是圆柱结构，长度有限，存在磁滞损耗，温度和涡流效应导致气隙磁场沿轴向

呈马鞍形分布等情况，采用先前研究得到的各种修正系数把计算数值修正为转子的实际阻抗大小。由于暂不考虑纵向端部效应，最终以和普通感应电机相同的方法折算到定子侧，得到 T 形等效电路(图 4-1)的参数 Z_2'。

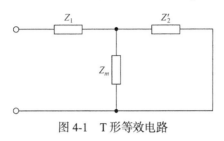

图 4-1　T 形等效电路

上述情况都是电机起动时的情况，即相应转差率为 1。与普通感应电机类似，等效电路中的转子电阻也是关于转差率 s 的函数。不同之处是，实心铁磁转子的阻抗角是不变的，转子的等效电阻电抗之间有一种固定的关系，转子电抗 x_2' 是关于转差率 s 的函数。因此，对于实心转子感应电机来说有如下关系，即

$$\begin{cases} r_{2s}' = \dfrac{r_2'}{s} \\ x_{2s}' = \dfrac{x_2'}{s} \\ Z_{2s}' = \dfrac{Z_2'}{s} \end{cases} \tag{4-2}$$

其中，r_2'、x_2'、Z_2' 为 $s=1$ 时的转子参数，在后面的计算过程中将给出其计算方法。

由此可以看出，通过取一系列不同的转差率 s 的值，就可以得到不同转差率情况下的转子参数，进而得到电机的各种特性。

基于以上理论，透入深度法计算过程如下。

① 指定转差率 s 的数值。

② 假设电机运行时的内部温度，一般能够由电机的绝缘等级确定，比如 B 级绝缘的电机可以假设为 100～120℃。

③ 初选折算到定子侧的转子电流值 I_2'。

④ 计算转子表面磁场强度 H_2。根据前述假设条件，不考虑轴向和径向分量，因为除接近端部的区域之外，径向和轴向的分量都很小，所以一般就认为切向分量就是转子表面磁场强度，并且只考虑脉动磁场的影响。对于旋转运动部分，即

$$H_2 = H_t = \frac{4.24 N_1 K_{dp1}}{p\tau} I_2' \tag{4-3}$$

其中，N_1 为每相串联导体数。

⑤ 根据转子材料的磁化曲线，从 H_t 值得出 B_t 值。20 号钢的磁化曲线可以从表 4-1 中查到。

表 4-1　20 号钢的磁化曲线

磁场强度 H/(A/m)	磁密 B/T
2500	1.135
5000	1.485
10000	1.700
15000	1.820
20000	1.895
30000	1.990
40000	2.055
50000	2.090
70000	2.140
100000	2.190
150000	2.265
200000	2.335
300000	2.405

⑥ 计算转子磁导率，即

$$\mu_2 = \frac{B_t}{H_t} \tag{4-4}$$

⑦ 计算在 t 温度情况下的转子材料电阻率 ρ_2，即

$$\rho_2 = \rho_0 \left[1 + \alpha_{\mathrm{Fe}}(t - t_0) \right] \tag{4-5}$$

其中，ρ_0 为在 t_0 温度下转子材料的电阻率，一般取 t_0=15℃；α_{Fe} 为电阻温度系数，一般取 α_{Fe}=0.002～0.004(1/℃)。

20 号钢的电阻率和电阻温度系数可从表 4-2 中选取。

表 4-2　20 号钢的参数 ρ、α_{Fe}

T/℃	ρ/(Ω·mm²/m)	α_{Fe}/(1/℃)
15	0.1746	—
60	0.1905	0.00260
75	0.2073	0.00312
100	0.2242	0.00334
125	0.2440	0.00361
150	0.2649	0.00383
200	0.3026	0.00396

⑧ 计算电磁场的透入深度，即

$$\Delta = \sqrt{\frac{2}{\omega\sigma\mu_2}} = \sqrt{\frac{2\rho}{s\omega_1\mu_0\mu_1}} \qquad (4-6)$$

其中，$\mu_0 = 4\pi\times10^{-7}H/m$ 为空气磁导率；μ_1 为转子材料的相对磁导率；ω_1 为电源角频率。

由此可见，在转差率 $s=1$ 时，透入深度 Δ 最小；在接近同步转速工作时，Δ 比较大。另外，转子出现饱和状况时，由于 μ_r 减小，Δ 增大。一般情况下，在 $0.05\sim$ 1 的变化范围内，Δ 的数值能够从几毫米提高到十几毫米。

⑨ 计算转子电阻，根据式(4-1)可得

$$r_2 = \rho_2\frac{L}{\pi D_2\Delta} = \frac{L}{\pi D_2\Delta\sigma_2} \qquad (4-7)$$

其中，L 的值决定转子的耦合长度。

如果计及磁滞损耗、涡流效应等的作用，采用电阻修正因数 K_r 和端部因数 K_e，将转子曲率的作用计及在内，用修正因数 K_1 等效，转子电阻在定子侧的折算值为

$$r_2' = \frac{m_1 N_1^2 K_{dp1}^2}{s}\rho_2\frac{L}{\pi D_2\Delta}K_r K_e K_1 \qquad (4-8)$$

⑩ 把横向端部效应考虑在内可得端部因数，即

$$K_e = \left(1+\frac{\tau}{L}\right)\frac{a^2\delta+\dfrac{1}{\Delta\mu_r}}{\lambda_1^2\delta+\dfrac{1}{\Delta\mu_r}} \qquad (4-9)$$

其中

$$a = \frac{\pi}{\tau} \qquad (4-10)$$

$$\lambda_1 = a\sqrt{1+\left(\frac{\tau}{L}\right)^2} \qquad (4-11)$$

⑪ 把转子表面曲率的影响考虑在内，电阻增加因数为

$$K_1 = \frac{D_2^2}{\left(D_2-\dfrac{2}{3}\Delta\right)^2} \qquad (4-12)$$

⑫ 把饱和效应、磁滞效应、涡流效应的影响也考虑在内，选取合适的电阻修

正因数 K_r、电抗修正因数 K_x。为了保证计算更准确，本书将三种效应的影响都考虑在内，取 $K_r = 1.35$、$K_x = 0.945$。

⑬ 计算转子电抗，即

$$x_2' = \frac{m_1 N_1 K_{dp1}^2}{s} \rho \frac{L}{\pi D_2 \Delta} K_x K_e K_1 \tag{4-13}$$

⑭ 计算转子阻抗 Z_2' 和阻抗角 φ_2，即

$$Z_2' = r_2' + j x_2' \tag{4-14}$$

$$\phi_2 = \tan^{-1}\left(\frac{x_2'}{r_2'}\right) \tag{4-15}$$

⑮ 按等效电路计算转子电流，即

$$\dot{I}_2'' = \frac{\dot{U}_p}{Z_p + Z_2'} \tag{4-16}$$

其中

$$\dot{U}_p = \frac{Z_m}{Z_1 + Z_m} \dot{U}_1 \tag{4-17}$$

$$Z_p = \frac{Z_1 Z_m}{Z_1 + Z_m} \tag{4-18}$$

⑯ 计算转子电流的迭代误差，即

$$\varepsilon = \left|\frac{\dot{I}_2'' - I_2'}{I_2'}\right| \times 100\% \tag{4-19}$$

本书取 $|\varepsilon| \leqslant 0.5\%$ 为标准，如果误差大于这个值，则返回③，重新预取 I_2'，再按以上程序进行计算，直到误差符合要求。

计算通过以后，就可以利用参数，根据等效电路继续对电机的性能和运行特性进行分析计算，因为实心转子感应电机与普通感应电机的区别仅在于转子的不同，解析计算的区别也仅是转子参数的不同。通过给定不同的转差率 s，就可以获得不同转差率情况下的某些电机性能数据。

性能计算过程如下。

转子电势为

$$\dot{E}_2' = -\dot{I}_2'' Z_2' \tag{4-20}$$

励磁电流为

$$\dot{I}_m = -\frac{\dot{E}_2'}{Z_m} \tag{4-21}$$

电磁功率为

$$P_{em} = m_1 E_2' I_2''$$　　　　　　(4-22)

定子电流为

$$\dot{I}_1 = \dot{I}_m + \left(-\dot{I}_2'\right)$$　　　　　　(4-23)

同步角速度为

$$\varOmega_s = \frac{2\pi n_1}{60}$$　　　　　　(4-24)

其中，n_1 为同步转速。

电磁转矩为

$$T_{em} = \frac{P_{em}}{\varOmega_s} = \frac{60 m_1 E_2' I_2''}{2\pi n_1}$$　　　　　　(4-25)

转子侧功率损耗为

$$P_{\text{Cu2}} = s P_{em}$$　　　　　　(4-26)

附加损耗为

$$P_s = 0.02 P_N \times 10^3$$　　　　　　(4-27)

机械损耗为

$$P_{\text{mech}} = \left(\frac{3}{p}\right)^2 \left(\frac{D_1}{100}\right)^4 \times 10^4$$　　　　　　(4-28)

输出功率为

$$P_2 = P_{em} - P_{\text{Cu2}} - P_s - P_{\text{mech}}$$　　　　　　(4-29)

定子铜耗为

$$P_{\text{Cu1}} = m_1 I_1^2 R_1$$　　　　　　(4-30)

输入功率为

$$P_1 = P_{em} + P_{\text{Cu1}} + P_{\text{Fe}}$$　　　　　　(4-31)

效率为

$$\eta = \frac{P_2}{P_1} \times 100\%$$　　　　　　(4-32)

功率因数为

$$\cos\phi_1 = \frac{P_1}{m_1 U_{N\phi} I_1}$$　　　　　　(4-33)

4.2　解析计算结果分析

由于旋转运动部分相当于取自完整旋转电机的一半,因此计算过程中的槽数、极数、周向长度、定子电压等参数均取设计时参考的完整旋转电机的一半。结合不同气隙情况的计算结果, 以曲线图形式表示可以更加直观地了解电机特性。转子表面切向磁通密度和转子表面相对磁导率随转差率变化的曲线图形如图 4-2 和图 4-3 所示。从图 4-2 可以看到, 转子表面切向磁通密度随转差率变化的规律, 转差率越大, 则转子表面切向磁通密度越大,并且呈非线性变化。在转差率接近 1 时有饱和趋势, 转子表面切向磁通密度最大值可达到 2.0T 左右。从图 4-3 可以看到, 在转子表面切向磁通密度最大, 即转差率最大时, 转子表面相对磁导率最小, 有接近空气磁导率的趋势。由此可见, 在转差率越大时, 转子的集肤效应越强烈, 饱和度越高。这就导致磁场透入转子内部更困难, 表现在透入深度上就是转差率越大, 透入深度越小, 如图 4-4 所示。

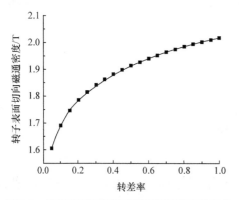 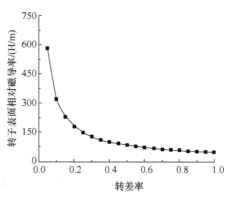

图 4-2　转子表面切向磁通密度随转差率的变化　　图 4-3　转子表面相对磁导率随转差率的变化

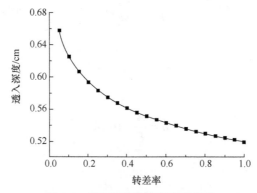

图 4-4　透入深度随转差率的变化

在转差率很大的情况下，电机接近堵转状态时，系统几乎不向外输出机械功率，这时电机的损耗很大。2DOF-DDIM 采用实心转子感应电机原理，其效率和功率因数并不会高。效率随转差率的变化和功率因数随转差率的变化如图 4-5 和图 4-6 所示。

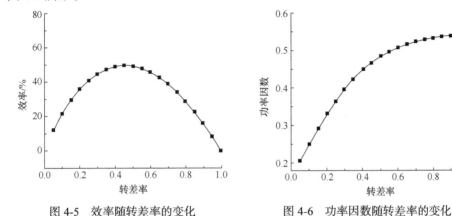

图 4-5　效率随转差率的变化　　　　图 4-6　功率因数随转差率的变化

在转差率变小时，转子表面切向磁通密度将骤降(图 4-2)，转子表面相对磁导率将激增(图 4-3)，透入深度也会有所增大(图 4-4)。在小转差情况下，转子表面的集肤效应将减弱，损耗也有较大下降，所以效率也会有所提高(图 4-5)。定子电流随转差率的变化如图 4-7 所示。电磁转矩随转差率的变化如图 4-8 所示。可见，根据透入深度法计算的定子电流和电磁转矩随转差率的增大而增大。

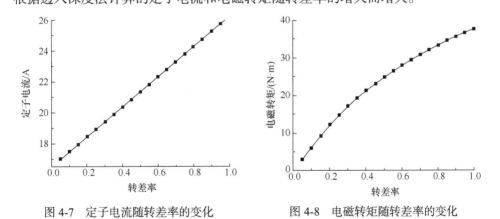

图 4-7　定子电流随转差率的变化　　　　图 4-8　电磁转矩随转差率的变化

4.3　两自由度直驱感应电机有限元模型

针对 2DOF-DDIM 的特殊结构和多运动形式，采用传统的磁路法等很难对其进行较为精确的分析计算。虽然 FEM 具有计算时间长、占用中央处理器(central processing unit，CPU)资源大等缺陷，但是随着计算机技术的飞速发展，FEM 可以考虑诸如端部磁场、铁磁材料磁导率非线性变化、磁滞效应等的影响，在一些情况下依靠 FEM 进行电磁数值计算和特性分析还是十分有效的。为了满足设计优化和后续章节分析计算精度的要求，本节使用 INFOLYTICA 公司的有限元电磁场仿真软件 MagNet 按照主要结构参数建立 2DOF-DDIM 的二维(two-dimensional，2-D)和三维(three-dimensional，3-D)有限元仿真模型。对旋转运动部分或直线运动部分进行仿真时，可以采用 2-D 瞬态模型进行仿真以减少仿真所需时间。如果需要考虑绕组端部影响、动子做螺旋运动时耦合特性时，则需要进行3-D 瞬态模型仿真。2DOF-DDIM 2-D 和 3-D 有限元模型如图 4-9 和图 4-10 所示。

(a) 旋转运动部分模型　　　　　　　　(b) 直线运动部分模型

图 4-9　2DOF-DDIM 2-D 有限元模型

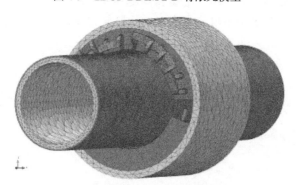

图 4-10　2DOF-DDIM 3-D 有限元模型

4.4　两自由度直驱感应电机旋转运动部分的有限元法分析

按照先前设计的电机参数，先在 AutoCAD 中绘制电机的二维线框模型，然后用 MagNet 软件的导入功能，将线框模型导入 MagNet 软件，经过填充材料、生成线圈、加载电路、生成运动部件、设置瞬态求解参数等步骤，建立电机的实体模型(图 4-11)。为了保证 FEM 求解的精确度，还需要将网格剖分进行细化，细化的标准需要参考其默认划分大小，一般需要将网格剖分设置得比默认网格更细才能满足精确度的要求。网格剖分示意图如图 4-12 所示。

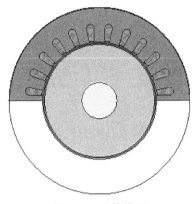

图 4-11　实体模型

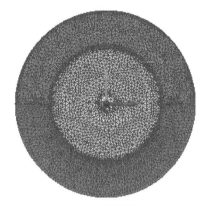

图 4-12　网格剖分示意图

4.4.1　旋转运动部分起动过程分析

首先进行空载起动仿真，将运动部件属性设置为负载驱动形式。由于设计是按整个旋转电机的参数进行的，因此对于旋转部分来说，相当于完整旋转电机定子的一半，绕组也只相当于完整旋转电机的一半。在设置外部电路时，只需要将电源电压大小设置为额定电压的一半，也就是 110V。由于软件中的电压输入量指电压幅值，因此三相电压幅值设置为 155.56V。三相电源频率也一样，设置为 50Hz。只要三相初相位不同，之间相差 120° 即可。设置负载转矩为 0N·m，得到的速度曲线和电磁转矩曲线如图 4-13 和图 4-14 所示。

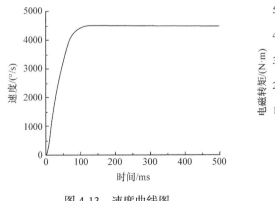

图 4-13　速度曲线图

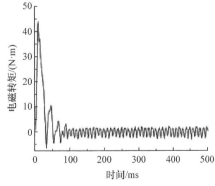

图 4-14　电磁转矩曲线

从图 4-13 可见，空载情况下的稳态运行转速非常接近同步速度(4500°/s)，大概稳定在 4480°/s 上下波动。这是由感应电机的运行原理决定的，即电磁转矩的产生是靠定子磁场和转子之间的转速差维持的。由图 4-14 可见，在稳态运行情况下，电磁转矩在 0N·m 上下波动的。在 100ms 左右，转子转速和电磁转矩就已进入稳态波动阶段，表明在此时刻电机已进入稳态运行，说明电机具有较良好的起动性能。

如图 4-15 所示，进入稳态运行后，三相电流并不对称。与直线电机类似，这是铁芯开断引起的三相线圈参数的不对称造成的。因为 2DOF-DDIM 的定子结构并非完美的对称结构，三相绕组之间的互感是有区别的，所以三相绕组的阻抗也各不相同，从而导致三相电流的不对称。在刚起动还没进入稳态前的起动过程中电流稍大，也符合实心转子感应电机起动转矩大而起动电流小的特性。

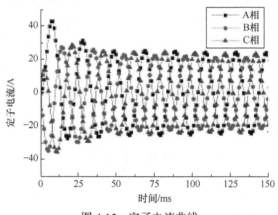

图 4-15　定子电流曲线

把运动部件的负载转矩设置为 6N·m 进行仿真，然后观察电机在带有一定负载转矩的情况下的起动性能，得到的速度曲线、电磁转矩曲线、定子电流曲线如图 4-16～图 4-18 所示。仿真可见，电机在带有 6N·m 负载的情况下起动并进入稳态运行之后，速度稳定在 4000°/s 左右，电磁转矩在 6N·m 左右波动。定子电流因为随负载转矩增大而略有增大。电流的情况同样和直线电机类似，因为铁芯开断造成的三相绕组不平衡从而造成三相电流不对称，这就是直线电机，以及其他像这种出现铁芯开断的电机所特有的纵向端部效应。除造成三相绕组不平衡之外，还会令电机的损耗增大，并影响电机的出力。

从以上对空载起动过程，以及负载起动过程的仿真来看，2DOF-DDIM 旋转运动部分能够实现与其相应的旋转运动形式。起动过程比较短，虽然在空载和带载情况下，最初电磁转矩都出现急剧上升和下降的波动，但是整个过程只有 100ms 左右，转子转速便迅速进入平稳状态。这说明，电机具有较好的起动性能。

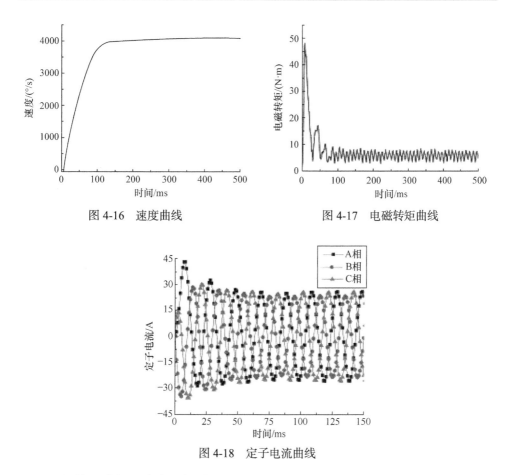

图 4-16　速度曲线　　　　　　　　图 4-17　电磁转矩曲线

图 4-18　定子电流曲线

4.4.2　旋转运动部分稳态运行分析

　　下面对不同转差率情况下的稳态运行特性进行分析，将运动部件属性改为速度驱动形式，对定子线圈施加的电源仍保持不变。对运动设置不同的速度让转子在不同的转差率情况下运行，然后观察磁场的分布。转差率分别为 0.05、0.2、0.4、0.6、0.8、1.0 时，稳态运行的磁场分布情况如图 4-19～图 4-24 所示。可见，随着转差率的增大，磁场透入实心转子的深度有明显减小的趋势。这是因为运行在转差率越大的情况下，转子表面切向磁通密度越大，则转子表面的磁导率越小，越接近空气磁导率。这就导致转子饱和度提高，集肤效应加剧，磁场的透入深度减小。从各图中还可见，铁芯的纵向端部偶尔出现漏磁，但并不严重。这是存在铁芯开断的电机，如直线电机所特有的且不可避免的现象，即纵向端部效应的影响。

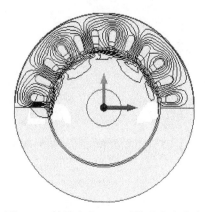　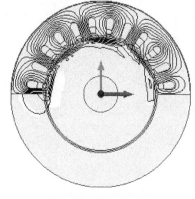

图 4-19　转差率为 0.05 时的磁力线分布　　　图 4-20　转差率为 0.2 时的磁力线分布

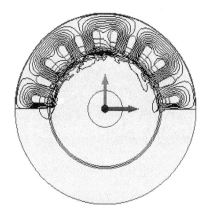　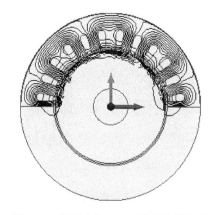

图 4-21　转差率为 0.4 时的磁力线分布　　　图 4-22　转差率为 0.6 时的磁力线分布

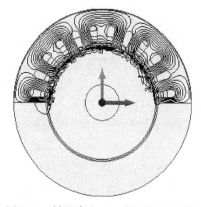　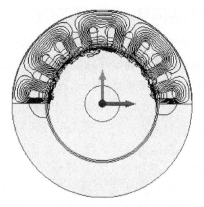

图 4-23　转差率为 0.8 时的磁力线分布　　　图 4-24　转差率为 1.0 时的磁力线分布

　　图 4-25～图 4-28 所示为通过 FEM 仿真后处理结果得到的定子电流、电磁转矩、效率、功率因数随转差率的变化。

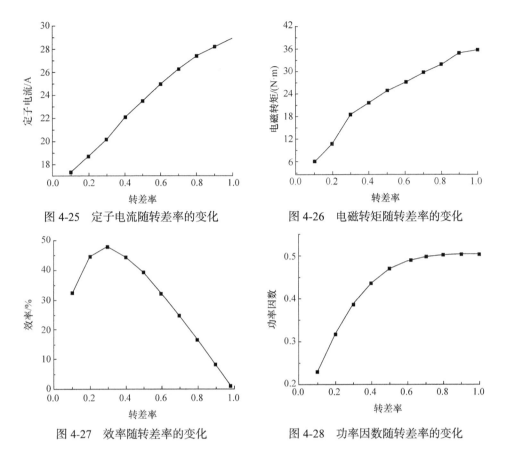

图 4-25　定子电流随转差率的变化　　　　图 4-26　电磁转矩随转差率的变化

图 4-27　效率随转差率的变化　　　　　图 4-28　功率因数随转差率的变化

效率根据 MagNet 软件仿真结果中的输出转矩、转速，以及各种损耗来计算。功率因数可以通过导出定子电压、电流进行傅里叶分析，得出其相角差，从而得到功率因数。效率计算方法为

$$\eta = \frac{P_2}{P_1} \times 100\% = \frac{T\Omega}{T\Omega + P_{\text{Cu1}} + P_{\text{Fe}} + P_r} \times 100\% \tag{4-34}$$

其中，T 为输出机械转矩，若忽略杂散损耗和机械损耗，则认为其约等于电磁转矩；Ω 为转子角速度；P_{Cu1} 为定子铜耗；P_{Fe} 为定子铁耗；P_r 为转子欧姆损耗。

可以看出，随着转差率的增大定子电流和电磁转矩也逐渐增大，而效率和功率因数随着转差率的增大有先增大后减小的变化规律。定子电流、电磁转矩、效率、功率因数随转差率变化趋势与上一章解析计算的结果趋势基本一致。

4.5　两自由度直驱感应电机直线运动部分的有限元法分析

由于直线运动部分行程有限，并不能像旋转运动部分一样做持续运动。运动

速度过高会导致剧烈振动，甚至电机损坏。直线运动只是作为辅助运动，需要根据应用需求提供一个大小合适的轴向力，所以直线运动部分主要靠变频器控制其做低速运动。下面对其在较低电源频率驱动情况下的特性进行分析。与旋转部分一样，首先建立直线运动部分的实体模型，如图4-29所示。

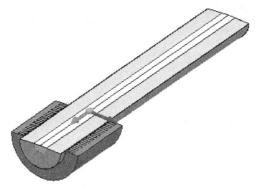

图 4-29　实体模型

为了给直线运动部分的定子绕组端部留出容纳空间，同时为了隔磁，直线运动部分的横截面被加工成略小于整个半圆的扇形形状。根据对绕组端部尺寸的估算，扇形圆周角度取170°。这样不但便于加工，而且也为直线运动部分的定子绕组端部提供了容纳空间，还能使定子内表面与转子的耦合面积损失减小。因此，建模时旋转拉伸角度，即170°。为了便于仿真分析，采用针对二维截面的有限元分析，网格剖分示意图如图4-30所示。

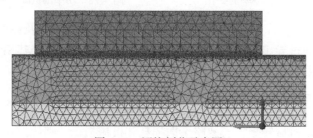

图 4-30　网格剖分示意图

4.5.1　直线运动部分起动过程分析

首先进行空载起动仿真，将运动部件属性设置为负载驱动形式。直线运动部分也相当于完整电机的一半，所以三相交流电源电压有效值仍然设置为110V。设置负载力为0N，速度曲线和电磁力曲线分别如图4-31和图4-32所示。

从图4-31可见，在空载情况下，稳态运行转速比较接近同步速度(1.92m/s)，大概稳定在1.78m/s上下波动。这是由感应电机的运行原理决定的，即电磁力的

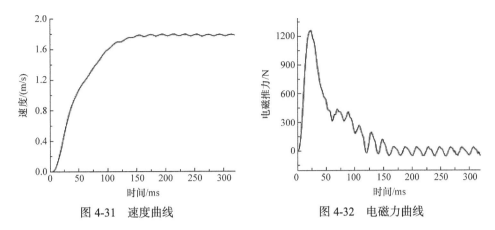

图 4-31　速度曲线　　　　　　　图 4-32　电磁力曲线

产生是靠定子磁场和转子之间的滑差维持的。从图 4-32 可见，在稳态运行情况下，电磁力在 0N 上下波动。结合两图可以发现，在 100ms 左右，转子转速和电磁转矩已进入稳态波动阶段，表明此刻电机已开始稳态运行，说明电机具有较良好的起动性能。图 4-33 所示为三相绕组电流曲线。可见，电机进入稳态运行后，三相电流并不对称。在刚起动还没进入稳态前的起动过程中电流稍大，这也符合实心转子感应电机起动转矩大而起动电流小的特性。

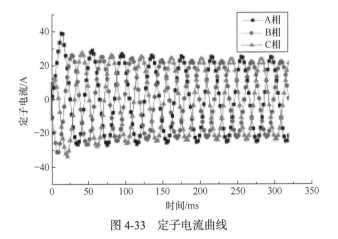

图 4-33　定子电流曲线

把运动部件的负载力设置为 120N 进行仿真，然后观察电机在带有一定负载情况下的起动性能，可以得到电机的速度曲线、电磁推力曲线、定子电流曲线，如图 4-34～图 4-36 所示。仿真可见，电机在带有 120N 负载的情况下起动并进入稳态运行之后，速度稳定在 1.68m/s 左右，电磁力在 120N 左右波动。定子电流因为随负载转矩加大而略有增大。电流的情况和直线电机类似，因为铁芯开断造成的三相绕组特性不平衡会造成三相电流不对称。

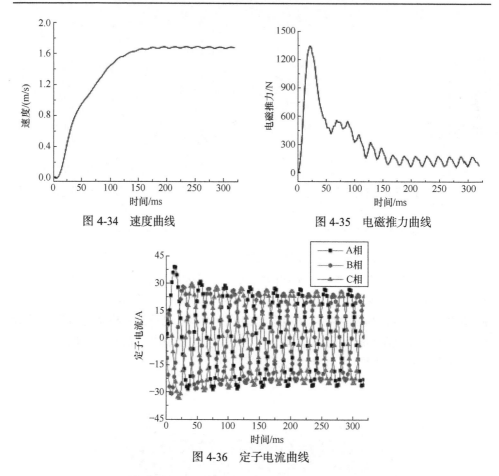

图 4-34　速度曲线　　　　　　　　　图 4-35　电磁推力曲线

图 4-36　定子电流曲线

从以上对空载起动过程，以及带负载起动过程的仿真来看，2DOF-DDIM 的直线运动部分能够实现直线运动形式，而且起动过程比较短。虽然在空载和带载情况下，最初电磁转矩都出现急剧上升和下降的波动，但是整个过程只有 100ms 左右，然后转子速度就进入平稳状态，说明电机具有较好的起动性能。

4.5.2　直线运动部分稳态运行分析

下面对不同滑差率情况下的稳态运行特性进行分析，将运动部件属性改为速度驱动形式，对定子线圈施加的电源仍保持不变。对运动设置不同的速度让转子在不同的滑差率情况下运行，然后观察磁场的分布。滑差率分别为 0.05、0.2、0.4、0.6、0.8、1.0 时，稳态运行的磁场分布情况如图 4-37～图 4-42 所示。由此可见，随着滑差率的逐渐增大，磁场渗透进入实心转子的深度有明显减小的趋势，这与上一章解析方法计算的结果相符。从解析法分析的角度来看，电机运行时，滑差率越大，转子表面切向磁通密度就会越大，进而影响转子表面的磁导率的大小，使磁导率变小，甚至接近于空气的磁导率。反过来看，滑差率较小时，转子表面的磁通密度将有显著的降低，转子的磁导率将有显著的增大，透入深度也会有所增加，集肤效应也会有所减弱。改变运动部件设置和转子轴向运行的速度，使其在不同的滑差率情况下运行，观察其定子电流和电磁推力随滑差率变化的规律。通过绘出定子电流相对于滑差率的特性曲线和电磁推力相对于滑差率的特性曲线，可以看到直线运动部分的定子电流和转矩的变化规律与旋转运动部分是基本一致的。定子电流、电磁推力、效率、功率因数随滑差率的变化曲线分别如图 4-43～图 4-46 所示。由于三相电流不对称，电流取值为三相电流有效值的平均值。

由此可见，虽然直线运动部分没有在工频下运行，但是将相应参数随滑差率变化的规律和上一章对旋转运动部分解析计算的结果对比可以发现，趋势与结论基本都是吻合的。

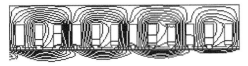

图 4-37　滑差率为 0.05 时的磁力线分布

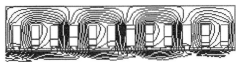

图 4-38　滑差率为 0.2 时的磁力线分布

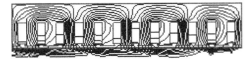

图 4-39　滑差率为 0.4 时的磁力线分布

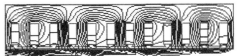

图 4-40　滑差率为 0.6 时的磁力线分布

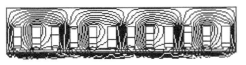

图 4-41　滑差率为 0.8 时的磁力线分布

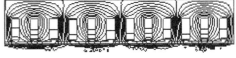

图 4-42　滑差率为 1.0 时的磁力线分布

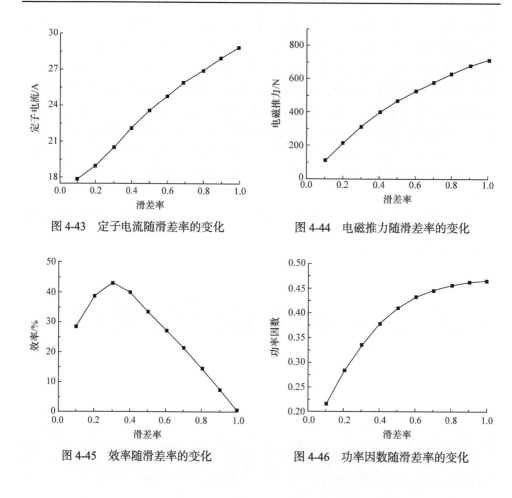

图 4-43　定子电流随滑差率的变化　　　　图 4-44　电磁推力随滑差率的变化

图 4-45　效率随滑差率的变化　　　　图 4-46　功率因数随滑差率的变化

4.6　两自由度直驱感应电机纵向端部效应分析

　　2DOF-DDIM 的旋转运动部分与普通异步感应电机不同，它的定子是开断的。当动子做旋转运动时，在旋转部分定子入端和出端处，动子导电层内都会产生涡流，即第二类纵向端部效应(本书统称为纵向端部效应)[76]。这种纵向端部效应随着旋转速度的增大而不断增强，对电机的电磁性能影响很大，在对其建模时必须考虑。2DOF-DDIM 的旋转运动部分与直线运动部分结构类似，因此这种纵向端部效应在旋转运动部分同样存在。2DOF-DDIM 纵向端部效应示意图如图 4-47 所示。

　　当动子做逆时针旋转运动时，旋转运动部分定子的出端和入端存在磁场的突变，动子的导电层内会产生涡流[77-80]。与此类似，当动子做直线运动时，直线运

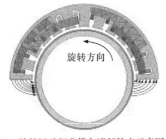

(a) 旋转运动部分纵向端部效应示意图　　　　　(b) 直线运动部分纵向端部效应示意图

图 4-47　2DOF-DDIM 纵向端部效应示意图

动部分定子的入端和出端同样会产生涡流。动子的速度越大，这种现象越明显。由于 2DOF-DDIM 动子常需要产生较高的速度，因此这种纵向端部效应的影响不可以忽略。

在不考虑感应耦合和动态耦合的前提下，旋转运动部分和直线运动部分都可以看作两个单独的弧形直线感应电机，因此可以参考普通平板直线感应电机的纵向端部效应处理方法。在不考虑磁路饱和、半填充槽和横向端部效应的前提下，Duncan[76]提出一种新型的直线感应电机等效电路，并在这种电路中引入速度因子 Q 来考虑直线感应电机的纵向端部效应。Q 是一个无单位量，公式为

$$Q = \frac{DR}{L_r v} \tag{4-35}$$

其中，D 为直线感应电机定子长度(直线电机)；v 为直线感应电机速度；R 为次级电阻；L_r 为次级电感。

在直线感应电机结构参数确定的情况下，Q 只与平板直线感应电机的速度有关，速度越大，速度因子 Q 越小。因此，由边端效应引起的涡流均值可以表示为[67,68]

$$I_2 = \frac{I_m}{Q} \int_0^Q e^{-x} dx = I_m \frac{1 - e^{-Q}}{Q} \tag{4-36}$$

等效励磁电流为

$$I_{me} = I_m \left(1 - \frac{1 - e^{-Q}}{Q} \right) \tag{4-37}$$

总励磁电感为

$$L_m \left(1 - \frac{1 - e^{-Q}}{Q} \right) \tag{4-38}$$

为简化，令

$$f(Q) = \frac{1 - e^{-Q}}{Q} \tag{4-39}$$

则总励磁电感为 $L_m(1 - f(Q))$。

综上，在 Duncan 的模型中，可以通过增加 $R_r f(Q)$ 将次级动态纵向端部效应的涡流损耗考虑在内，用 $L_m(1 - f(Q))$ 考虑次级涡流的去磁作用。直线感应电机修正后的等效电路如图 4-48 所示。

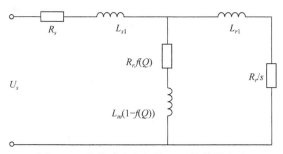

图 4-48　直线感应电机修正后的等效电路

考虑 2DOF-DDIM 的旋转运动部分与直线运动部分都存在纵向端部效应，因此二者都需要对等效电路进行修正。本章引入 Q_1 考虑旋转运动部分的纵向端部效应，引入 Q_2 考虑直线运动部分的纵向端部效应。

对于旋转运动部分，Q_1 为

$$Q_1 = \frac{D_1 R_{Rr} \pi}{L_{Rr} \omega_1 \tau_1} \tag{4-40}$$

其中，D_1 为旋转部分初级长度；τ_1 为旋转部分的极距；R_{Rr} 为旋转运动部分转子电阻；L_{Rr} 为旋转运动转子电感；ω_1 为动子旋转角速度。

引入函数，即

$$f(Q_1) = \frac{1 - e^{-Q_1}}{Q_1} \tag{4-41}$$

通过增加参数 $R_{Rr}(f(Q_1))$ 将旋转运动部分纵向端部效应的涡流损耗考虑在内，采用 $L_{Rm}(1 - f(Q_1))$ 体现旋转部分涡流的去磁作用。

对于直线运动部分，即

$$Q_2 = \frac{D_2 R_{Lr}}{L_{Lr} v_2} \tag{4-42}$$

其中，D_2 为直线运动部分初级长度；L_{Lr} 为直线运动部分的次级电感；R_{Lr} 为直线运动部分次级电阻；v_2 为直线运动部分的运动速度。

引入函数，即

$$f(Q_2) = \frac{1 - e^{-Q_2}}{Q_2} \tag{4-43}$$

通过增加参数 $R_{Lr}f(Q_2)$，将直线运动部分纵向端部效应的涡流损耗考虑在内，采用 $L_{Lm}(1 - f(Q_2))$ 体现直线部分次级的去磁作用。在后续的 2DOF-DDIM 数学建模中，会直接用到上述公式。

4.7 本 章 小 结

本章首先采用透入深度法对 2DOF-DDIM 的旋转运动部分进行解析计算，根据透入深度法将转子展开为导磁导电平板的假设思想。该理论经过等效换算以后对直线运动部分的解析计算也同样适用。计算结果表明，设计方案基本达到设计目的，可以实现预期功能。

由于透入深度法是一种解析方法，其计算过程采用不少近似计算和经验公式，因此误差的存在在所难免。本章还采用精度更高的有限元分析法对 2DOF-DDIM 的旋转运动部分和直线运动部分进行仿真分析，将分析结果和解析结果进行对比，证明了透入深度法在 2DOF-DDIM 分析方面的可行性，验证了解析和仿真结果的正确性。该电机的旋转运动部分和直线运动部分在各种运行方式下是能够实现相应运动形式的。在双变频器的控制下，两者共同作用能够实现纯旋转、纯直线，以及两者的合成运动，即螺旋运动，验证了设计方案的可行性。

第5章 两自由度直驱感应电机耦合效应分析

上一章建立了 2DOF-DDIM 的单相等效电路模型，但是仅用于分析电机的旋转运动和直线运动，忽略了这种电机作为两自由度电机的一个重要的特性——耦合效应。耦合效应可以分为磁场耦合效应和运动耦合效应。针对 2DOF-DDIM 的特殊结构和多运动形式，本章采用简化分析的等效平板模型，将两自由度电机的分析转换为单自由度电机的分析，柱面坐标系转化为直角坐标系，依据 Maxwell 方程组建立 2DOF-DDIM 的 2-D 磁场端部效应分析模型、3-D 运动耦合分析模型，并利用有限元建立电机的 3-D 有限元参数化模型，对耦合效应进行仿真分析[86]。

5.1 磁耦合效应解析分析

不同于其他两自由度电机产生的螺旋行波磁场，2DOF-DDIM 理论上产生的是解耦的行波磁场和旋转磁场，二者分别作用于动子的不同部位。因此，在分析二维端部磁场时，可以从原理上将该电机视为旋转运动弧形电机和直线运动弧形电机两个独立的电机进行简化分析。由于电机的气隙 g 较转子外径 D_2 小得多，且实际运行时，转子内部的电磁现象发生在较薄的渗透层内，因此可以忽略曲率的影响，选用直角坐标系，将两个弧形电机展开为平板式 2DOF-DDIM 模型(短初级长次级)。这样就将对旋转运动弧形电机和直线运动弧形电机两个电机的分析转化为对一个简化电机模型的分析。分析结果再经简单的等效转换关系和计算，即可适用于 2DOF-DDIM。

用一光滑表面代替实际开槽的初级铁芯，并用假想的无限薄电流层代替实际的载流初级绕组。这个电流层可以用线电流密度表示为

$$j_1 = \frac{\sqrt{2}m_1 W_1 k_{w1}}{p\tau} I_1 \cos(\omega t - \beta x)(A/m) \tag{5-1}$$

其中，τ 为极距；m_1 为初级绕组的相数；W_1 为初级绕组每相串联匝数；k_{w1} 为初级绕组系数；p 为初级绕组极对数；I_1 为初级相电流的有效值。

如图 5-1 所示，对等效平板直线电机模型作如下理想化假定。

① 用气隙系数考虑初级齿和槽的影响。

② 各种场量在空间和时间上是作正弦规律变化的。

③ 初级铁芯的磁导率很大，其饱和影响可以忽略不计，磁滞损耗和集肤效应

均忽略不计。

④ 认为初级是光滑的,用只有宽度没有厚度的电流层表示初级电流,并且只考虑其基波分量。

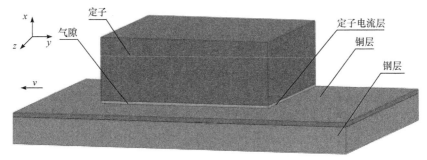

图 5-1 等效平板模型

由 Maxwell 方程组,假设的等效平板模型为

$$\frac{\delta'}{\mu_0}\frac{\partial B_y}{\partial x} = j_1 + j_2 \tag{5-2}$$

$$B_y = -\frac{\partial A_z}{\partial x} \tag{5-3}$$

$$E = -\frac{\partial A_z}{\partial t} \tag{5-4}$$

$$j_2 = -\sigma_s\left(\frac{\partial A_z}{\partial t} + V\frac{\partial A_z}{\partial x}\right) \tag{5-5}$$

其中,j_2 为次级电流线密度;A_z 为气隙矢量磁位的 z 轴分量,$A_z = A_z(x,t) = A_z\mathrm{e}^{\mathrm{j}\omega t}$。
联立边界条件,求解可得

$$\begin{cases} A_z = c_s\mathrm{e}^{\mathrm{j}(\omega t - kx)} + c_1\mathrm{e}^{-\frac{x}{\alpha_1}}\mathrm{e}^{\mathrm{j}\left(\omega t - \frac{\pi}{\tau_e}x\right)} + c_1'\mathrm{e}^{\frac{x}{\alpha_2}}\mathrm{e}^{\mathrm{j}\left(\omega t + \frac{\pi}{\tau_e}x\right)} \\ \alpha_1 = \dfrac{2\delta'}{\delta'X - \mu_0\sigma_s V_s} \\ \alpha_2 = \dfrac{2\delta'}{\delta'X + \mu_0\sigma_s V_s} \\ \tau_e = \dfrac{2\pi}{Y} \\ c_s = \dfrac{\mu_0 J_1}{k^2\delta'(1+\mathrm{j}sG)} \end{cases} \tag{5-6}$$

其中,σ 为铜的电导率;μ_0 为真空磁导率;δ' 为电机电磁计算气隙,$\delta' = k_\mu k_c \delta$,

k_c 和 k_μ 为卡氏系数和饱和系数；τ_e 为端部效应波的半波长。

由式(5-6)可见，由于定子铁芯和绕组长度有限，因此气隙矢量磁位由三种行波叠加而成，分别为半波长为 τ 的正向基本行波，衰减常数为 α_1、半波长为 τ_e 的正向入端行波，衰减常数为 α_2、半波长为 τ_e 的反向出端行波。其中，正向基本行波与旋转感应电机沿圆周闭合的旋转磁场对应。在初级有限长的直线感应电机中，受端部效应的影响，除了正向基本行波分量，还存在正向入端行波分量和反向出端行波分量，它们叠加在基本行波上，使合成磁场发生畸变。

由于端部效应造成气隙合成场量中存在反向端部效应波，这样势必削弱电磁场及相应的力能参数。此外，出端行波还要沿着基本行波方向延伸一定距离使其波幅衰减到波源处波幅的1/e。这样，旋转运动部分纵向端部磁场可能会耦合直线运动部分磁场。磁场耦合会造成磁场谐波含量增大而降低电机的力能参数。精确的磁场耦合效应计算比较复杂，需要考虑磁场谐波含量、端部磁场耦合、动子涡流场的耦合等因素。尤其是，旋转运动部分定子和直线运动部分定子在动子表面共同感应的三维涡流场是耦合效应产生的主要原因。复杂的耦合效应计算一般采用三维 FEM 进行分析。

5.2　磁耦合效应有限元分析

理论分析是在忽略很多影响因素的条件下进行的。对于 2DOF-DDIM 的特殊结构和多自由度运动形式，三维有限元仿真的计算精度相对较高。因为三维有限元仿真可以考虑诸如磁场耦合、旋转运动与直线运动的耦合影响，所以下面采用有限元软件建立 2DOF-DDIM 的三维有限元参数化模型进行仿真分析。电机磁通密度分布如图 5-2 所示。这里利用有限元软件分析旋转电机部分对直线电机部分的影响，以及直线电机部分对旋转电机部分的影响。

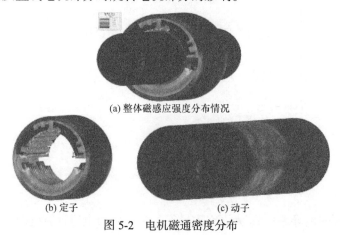

(a) 整体磁感应强度分布情况

(b) 定子　　　　　　　　　　　　　(c) 动子

图 5-2　电机磁通密度分布

5.2.1 旋转电机部分对直线电机部分的磁耦合影响

与直线运动会在旋转部分产生静态耦合效应类似，旋转运动也会对直线部分产生一定的静态耦合效应。当仅旋转运动弧形定子通电时，旋转磁场扩散图如图 5-3 所示。可以看出，旋转磁场已经耦合到直线运动弧形定子区域。直线部分气隙磁通密度如图 5-4 所示。

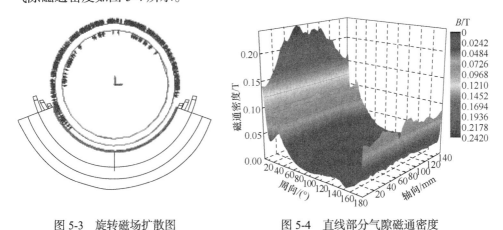

图 5-3　旋转磁场扩散图　　　　　图 5-4　直线部分气隙磁通密度

如图 5-3 和图 5-4 所示，只有旋转运动弧形定子通电的情况下，旋转磁场能够穿过气隙、动子铜层、旋转定子和直线定子之间的空隙与直线部分交链，交变的磁场作用于直线部分定子绕组。由电磁感应定律可知，直线运动弧形定子绕组中会产生感应电势和感应电流。值得注意的是，直线部分的横向动子进端(旋转部分的纵向动子出端)有较大的磁通密度，直线部分横向动子出端(旋转部分的纵向动子进端)的磁通密度略小于动子进端，中间部分磁通密度最小。造成这种现象的原因是动子做逆时针旋转运动，由于端部效应的存在，端部磁场发生畸变。为确定旋转运动部分对直线运动部分的感应耦合影响程度，进行以下四种情况的仿真分析。

1. 稳态仿真分析(旋转部分绕组通电对直线部分感应电势和感应电流的影响)

将旋转部分绕组通入恒压频比的电源(保证旋转磁场主磁通不变)，而直线运动部分绕组开路，测量此时在直线运动部分绕组内感应产生的感应电势。这里对旋转部分绕组分别通入 20Hz、30Hz、40Hz 和 50Hz(压频比常数为 127V/50Hz)的交流电源，计算直线运动部分绕组内的感应电势。仿真结果如图 5-5、表 5-1 和表 5-2 所示。可以看出，尽管直线运动弧形定子不通电，由于旋转运动产生的静态耦合效应的影响，直线运动弧形定子三相绕组内仍然有感应电势产生。与直线运动对旋转部分产生的静态耦合效应类似，在恒压频比条件下，随着频率的增大，绕组内产生的感应电势逐渐增大，相位逐渐减小。直线运动弧形定子内产生的感

应电势各相之间最大数值差值不超过 0.04V，且 ΔU 与 U_U 的比值不超过 5%，可认为三相感应电势大小相等。U 相和 V 相感应电势相位差$|\varphi_U-\varphi_V|$不超过 2.2°，近似为同相位。W 相与 U 相感应电势存在相位差$|\varphi_U-\varphi_W|$，且差值可近似为 180°，这与三相绕组空间分布有关。因此，对于 2DOF-DDIM，旋转运动在直线部分产生静态耦合效应，表现在感应电势上，即静态耦合效应的影响，尽管直线运动弧形定子未通电，其绕组中仍会产生大小相等且随着旋转运动弧形定子所加激励频率增大而增大的感应电势。受电机绕组结构因素影响，A 相和 B 相感应电势等相位，但与 C 相相位相反。

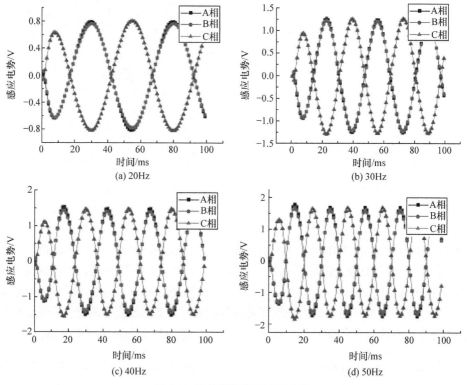

图 5-5　直线部分绕组感应电势

表 5-1　直线运动弧形定子绕组感应电势有效值($s=1$，恒压频比)

频率/Hz	有效值/V			最大误差 ΔU/V	$\Delta U/U_U$/%
	U_U	U_V	U_W		
20	0.55	0.53	0.56	0.02	3.63
30	0.84	0.80	0.84	0.04	4.76
40	0.99	0.97	0.99	0.02	2.02
50	1.13	1.11	1.13	0.02	1.76

表 5-2　直线运动弧形绕组内感应电势相位(s=1, 恒压频比)

频率/Hz	相位 $\varphi/(°)$			相位差 $\Delta\varphi/(°)$	
	φ_U	φ_V	φ_W	$|\varphi_U - \varphi_V|$	$|\varphi_U - \varphi_W|$
20	147.01	146.88	326.34	0.13	179.33
30	123.35	123.78	302.67	0.43	179.32
40	101.19	103.33	281.40	2.14	180.21
50	85.28	87.21	265.26	1.93	179.98

为了对这种现象进行分析，依据反电势的计算公式，即

$$e = N\frac{\mathrm{d}\Phi}{\mathrm{d}t} \tag{5-7}$$

在恒压频比的情况下，旋转部分主磁通基本保持不变，则扩散到直线部分定子内的磁通 Φ 也基本保持不变。随着电源频率增大，直线部分定子内磁通交变频率增大，导致直线运动部分绕组感应电势幅值也随之增大。因此，在恒压频比情况下，随着旋转部分电源频率的增大，旋转部分对直线运动部分的耦合程度逐渐变大。从图 5-6 可以看出，在不同频率下，A 相与 B 相的感应电压相位和幅值都基本相同；A 相和 B 相与 C 相幅值基本相同，但是相位相差接近 180°。我们可以从直线部分绕组分析引起这种现象的原因。旋转磁场感应耦合示意图如图 5-6 所示。2DOF-DDIM 采用的是分布绕组，当旋转磁场扩散时，会在直线运动部分 A 相、B 相、C 相三相绕组内产生感应电势。由于 A 相与 B 相的绕线方向相同，因此 A 相与 B 相的感应电势幅值和相位相同。由于 C 相与 A 相、B 相的绕线方向相反，因此 C 相的感应电势与 A 相、B 相感应电势幅值相同，相位差接近 180°。当直线部分三相绕组星形短接时，会在直线部分三相绕组内形成环流。直线绕组感应环流示意图如图 5-7 所示。三相绕组的环流大小关系满足 $I_C = I_A + I_B$。

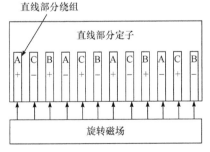

图 5-6　旋转磁场感应耦合示意图

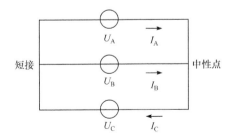

图 5-7　直线绕组感应环流示意图

旋转部分绕组通入不同频率的恒压频比的电源时，直线运动弧形定子绕组中

产生的感应电流与相关数据处理如图 5-8、表 5-3、表 5-4 所示。由图 5-8 可知，A 相与 B 相的电压幅值相同，相位也基本相同，所以 A 相与 B 相的感应电流也是幅值相同、相位相同。当直线部分三相绕组内形成环流时，直线部分定子内必然会产生交变磁场，进而对直线运动产生一定的耦合。可以看出，仅旋转运动弧形定子通电，由于静态耦合效应的影响，直线运动弧形定子绕组中会产生感应电流。当旋转运动运行在堵转状态时，随着所加电源频率的增大，直线运动弧形定子绕组内产生的感应电流有增大的趋势，但在频率大于等于 30Hz 时，其大小趋于稳定。这是因为当其运行在堵转状态时，端部效应引起的静态耦合效应可以忽略，其产生的磁场大小趋于稳定。根据安培环路定理，当其磁场强度 B 趋于稳定时，产生的感应电流也趋于稳定。当考虑端部效应产生的静态耦合效应时，其旋转运动速度越快，端部效应越强，对直线部分产生的静态耦合效应也越强。随着频率的增大，感应电流的数值也逐渐增大。表 5-5 所示为静态耦合效应在直线运动弧形定子绕组中产生的感应电流有效值。可以看出，其数值随着频率的增大而不断增加。

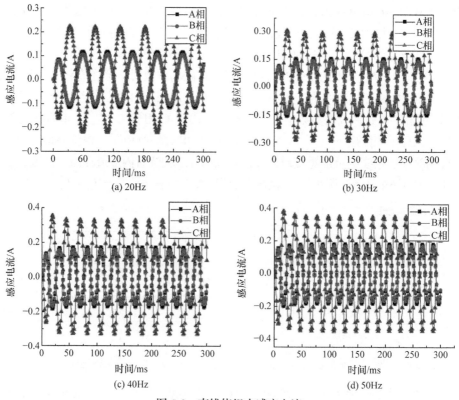

图 5-8　直线绕组内感应电流

表 5-3　直线运动弧形定子绕组感应电流有效值($s=1$，恒压频比)

频率/Hz	有效值/A			差值 ΔI/A	
	I_U	I_V	I_W	$|I_U-I_V|$	$|I_U-I_W|$
20	0.19	0.18	0.37	0.01	0.18
30	0.20	0.19	0.39	0.01	0.19
40	0.21	0.18	0.39	0.03	0.18
50	0.20	0.19	0.39	0.01	0.19

表 5-4　直线运动弧形定子绕组感应相关数据处理($s=1$，恒压频比)

频率/Hz	相位 φ/(°)			相位差 $\Delta\varphi$/(°)	
	φ_U	φ_V	φ_W	$|\varphi_U-\varphi_V|$	$|\varphi_U-\varphi_W|$
20	102.08	101.49	281.80	0.59	179.72
30	76.38	81.52	258.78	5.14	182.4
40	56.91	63.10	239.84	6.19	182.93
50	45.51	51.36	228.31	5.85	182.80

表 5-5　直线运动弧形定子绕组感应电流有效值($s=0$，恒压频比)

频率/Hz	有效值/A			差值 ΔI/A	
	I_U	I_V	I_W	$|I_U-I_V|$	$|I_U-I_W|$
10	0.13	0.12	0.25	0.01	0.12
20	0.24	0.24	0.48	0	0.24
30	0.28	0.29	0.57	0.01	0.29
40	0.39	0.39	0.78	0	0.39
50	0.45	0.45	0.90	0	0.45

由图 5-8、表 5-3、表 5-4 可以看出，与直线运动对旋转部分产生的静态耦合效应类似，旋转运动对直线部分产生的静态耦合效应在直线运动弧形定子 U 相和 V 相绕组内产生的感应电流幅值相差不超过 0.03A，相位相差不超过 7°，即两者幅值近似相等，相位近似相同。W 相感应电流数值满足关系式 $I_W=I_U+I_V$，其相位与 U(V)相位差在 180°附近浮动，符合安培环路定理和基尔霍夫守恒定律。因此，直线运动弧形定子绕组三相感应电流的矢量关系可以表示为

$$\dot{I}_A \approx \dot{I}_B \approx -0.5\dot{I}_C \tag{5-8}$$

2. 瞬态仿真分析(旋转部分绕组通电对直线部分感应推力的影响)

当 2DOF-DDIM 螺旋运动时，旋转运动部分绕组与直线运动部分绕组都通电，

此时旋转运动部分绕组与直线运动部分绕组都是短接的,因此环流的影响依然存在。为确定耦合的影响程度,旋转部分绕组分别通入20Hz、30Hz、40Hz和50Hz的恒压频比电源,而直线部分绕组短接,此时直线运动部分感应磁场(由直线绕组感应电流造成的)产生电磁推力。通过判断感应产生电磁推力的大小确定感应耦合影响程度。仿真结果如图5-9和表5-6所示。可以看出,最大的感应推力值为1.2N,感应产生的电磁推力无规律性地波动变化。这是因为,虽然直线部分绕组内部形成环流,但是由于A相和B相的感应电势与C相感应电势相位相反,因此直线部分的定子内无法形成行波磁场,进而无法形成稳定的电磁推力,不能驱动动子做稳定的直线运动。除此之外,在恒压频比的情况下,随着旋转频率的增大,直线部分感应推力也随之增大。这是因为,随着旋转部分电源频率的增大,直线绕组内感应电势变大,导致绕组内感应电流增大,直线部分定子内所产生的感应磁场强度也变大,感应电磁推力也随之变大。下面对以上分析结果进行总结,当2DOF-DDIM仅旋转运动弧形定子通电时,尽管动子仅做旋转运动,但是由于静态耦合效应的影响,动子上会产生感应直线推力,且呈现不规律波动。在恒压频比条件下,其波动幅值随着旋转运动弧形定子所加激励频率的增大而增大。

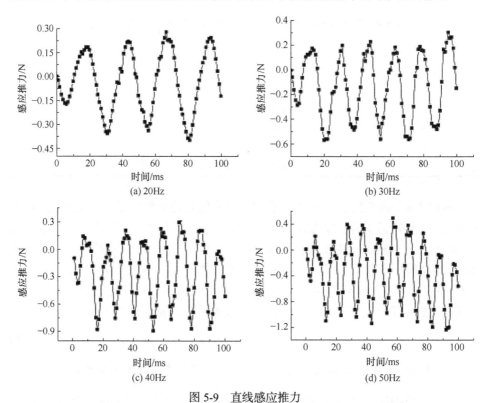

图 5-9　直线感应推力

表 5-6　动子感应直线推力($s=1$，恒压频比)

频率/Hz	20	30	40	50
最大值/N	0.54	1.30	2.07	2.65

对于其他旋转运动转差率情况下，仍可采用相同的算法对其静态耦合效应引起的直线运动弧形定子感应电势、感应电流及动子感应推力进行分析。以施加 RC50Hz、RS50Hz 激励源时的结果为例，其中 R 表示仅旋转运动弧形定子绕组通电，S 表示直线运动弧形定子绕组短路，C 表示直线运动弧形定子绕组开路，数字表示旋转运动弧形定子绕组所加的电源频率。仿真结果如图 5-10、图 5-11 和表 5-7 所示。

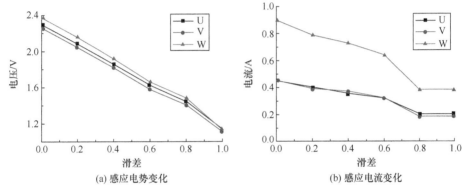

(a) 感应电势变化　　　　　　　　　　　　(b) 感应电流变化

图 5-10　直线运动弧形定子感应电势、感应电流随滑差变化曲线

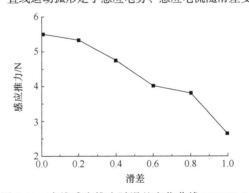

图 5-11　直线感应推力随滑差变化曲线(RS50Hz)

表 5-7　直线感应电势、感应电流、转矩、旋转转差率

旋转运动转差率	感应电势/V (RC50Hz)			感应电流/A (RS50Hz)			感应推力/N (LS50Hz)
	U_U	U_V	U_W	I_U	I_V	I_W	
0	2.30	2.26	2.37	0.45	0.45	0.90	5.49
0.2	2.09	2.05	2.16	0.40	0.39	0.79	5.32
0.4	1.86	1.82	1.92	0.36	0.37	0.73	4.74
0.6	1.63	1.58	1.66	0.32	0.32	0.64	4.01
0.8	1.45	1.41	1.48	0.20	0.18	0.38	3.80
1	1.13	1.11	1.13	0.20	0.18	0.38	2.65

由图 5-10、图 5-11、表 5-7 可以看出，对于任意旋转运动转差率，静态耦合效应在直线运动弧形定子中产生的三相感应电势、感应电流数值关系均满足式(5-9)。随着旋转运动转差率的增大，感应电势、感应电流，以及感应推力逐渐减小。与直线运动对旋转部分产生的静态耦合效应类似，随着旋转运动转差率的增大，旋转运动速度减小，因此旋转磁场与直线部分磁场的耦合有所减少，旋转运动产生的静态耦合效应随之减小。旋转运动为堵转状态时，与空载运动时的结果相比，其直线运动定子绕组内的感应电势下降近 51%(以所加激励为 RC50Hz 为例)，感应电流下降近 60%(以所加激励为 RS50Hz 为例)。旋转运动的运动速度对静态耦合效应的影响较大，即

$$\begin{cases} U_U \approx U_V \approx U_W \\ I_U \approx I_V \approx 0.5I_W \end{cases} \tag{5-9}$$

3. 旋转运动部分存在与通电对直线运动部分的影响分析

空载情况下，旋转运动部分定子是否存在和是否通电对直线运动部分速度、转矩和电流影响情况如图 5-12 所示。其中，R 代表定子部分只有旋转运动部分定子而直线运动部分定子不存在；L 代表定子部分只有直线运动部分定子而旋转运动部分定子不存在；R+L 代表旋转、直线运动部分定子都有，但只有直线运动部分定子通电；L+R 代表两部分定子都有，但只有旋转运动部分定子通电；H 代表两部分定子都通电。由图 5-12 可见，旋转运动部分定子存在与否，以及是否通电对直线运动部分的空载时的轴向运动速度、电磁推力和定子电流并无太大影响。这说明，由于存在空气隔离，旋转运动弧形定子的纵向端部效应几乎不影响直线运动部分，并且旋转磁场对直线运动部分并无太大影响。

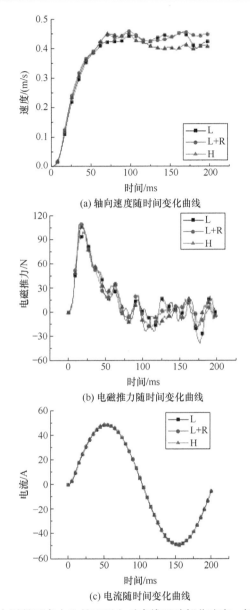

(a) 轴向速度随时间变化曲线

(b) 电磁推力随时间变化曲线

(c) 电流随时间变化曲线

图 5-12 旋转运动部分定子是否存在和是否通电对直线运动部分速度、转矩和电流影响情况

4. 旋转运动部分不同电源频率对直线运动部分的影响分析

当旋转和直线运动部分定子都通电时，即动子做螺旋运动时，直线运动部分定子的电源频率为 5Hz，改变旋转运动部分定子电源频率(25Hz、50Hz、75Hz、100Hz)，旋转运动部分和直线运动部分空载速度、转矩和电流变化情况如图 5-13

所示。旋转运动部分定子电流和空载最大转矩随着其旋转运动部分电源频率的增加而减小。空载转速呈现出异常现象，随着频率增加先变大后减小。直线运动部分的空载速度、电流、转矩几乎不受旋转运动部分的影响。

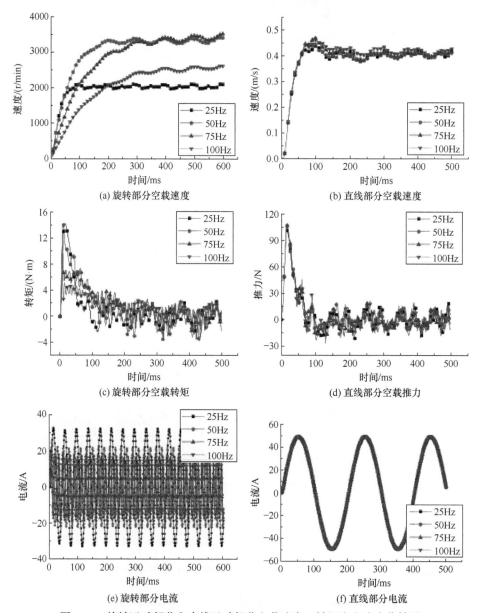

图 5-13　旋转运动部分和直线运动部分空载速度、转矩和电流变化情况

5.2.2　直线电机部分对旋转电机部分的磁耦合影响

为定性分析直线部分的行波磁场扩散至旋转部分定子内的情况，将直线部分绕组通入交流电，旋转部分绕组开路，观察行波磁场在旋转部分定子内的扩散程度。旋转部分绕组开路是为了排除旋转部分感应磁场的影响。行波磁场扩散图如图 5-14 所示。

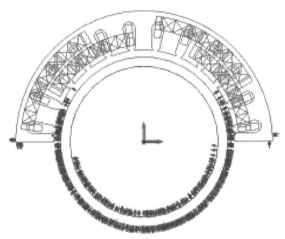

图 5-14　行波磁场扩散图

可以看出，行波磁场已经扩散到旋转定子内部，说明直线部分对旋转部分的感应耦合影响存在。行波磁场的扩散是左右对称的，这样左右线圈均会产生感应电势。行波磁场扩散并没有畸变，这是因为此时动子只做直线运动，没有旋转运动存在，所以磁场在圆周方向不会畸变。为确定直线运动部分对旋转运动部分的感应耦合影响程度，进行以下四种情况的仿真分析。

1. 稳态仿真分析(直线部分绕组通电对旋转部分感应电势和感应电流的影响)

为确定直线部分对旋转部分感应耦合的影响程度，将直线部分绕组通入恒压频比的电源，而旋转部分绕组开路，计算此时旋转绕组内的感应电势，通过感应电势的大小，判断影响程度。直线部分绕组分别通入 20Hz、30Hz、40Hz 和 50Hz 的电源，仿真计算此时旋转部分绕组感应电势(图 5-15)。旋转运动弧形定子绕组产生的感应电势及相关数据处理如表 5-8 和表 5-9 所示。可以看出，尽管旋转运动弧形定子不通电，由于直线运动产生的静态耦合效应的影响，旋转运动弧形定子三相绕组内仍然有感应电势产生。在恒压频比条件下，随着频率的增大，绕组内产生的感应电势逐渐增大，相位逐渐减小。值得注意的是，旋转运动弧形定子内产生的感应电势各相之间幅值的差值不超过 0.03V，且 ΔU 与 U_A 的比值不超过

2.70%，可认为三相感应电势大小相等，满足 Maxwell 方程。A 相和 B 相感应电势相位差$|\varphi_A-\varphi_B|$不超过 2.5°，近似为同相位；C 相与 A 相感应电势存在相位差$|\varphi_A-\varphi_C|$，其差值随着频率的增大而减小。直线运动在旋转部分产生静态耦合效应，具体表现在感应电势上。它具有以下规律，由于静态耦合效应的影响，当直线运动弧形定子被施以电源时，尽管旋转运动弧形定子未通电，其绕组中仍会产生大小相等且随着直线运动弧形定子所加激励频率增大而增大的感应电势。受电机绕组绕制方向的影响，A 相和 B 相感应电势等相位，但它们与 C 相具有不同相位。

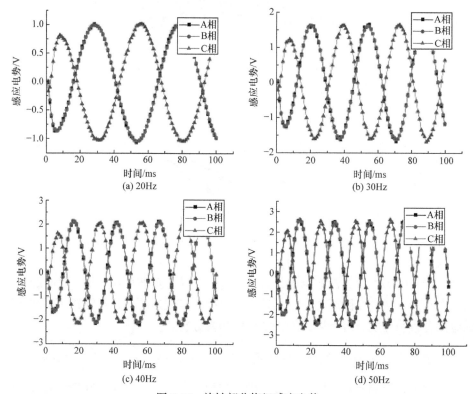

图 5-15　旋转部分绕组感应电势

表 5-8　旋转运动弧形绕组内感应电势有效值($s=1$，恒压频比)

频率/Hz	有效值/V			最大误差 ΔU/V	$\Delta U/U_N$/%
	U_A	U_B	U_C		
20	0.74	0.72	0.73	0.02	2.70
30	1.19	1.18	1.19	0.01	0.84
40	1.54	1.53	1.53	0.01	0.65
50	1.83	1.85	1.86	0.03	1.64

表 5-9　旋转运动弧形绕组内感应相关数据处理(s=1, 恒压频比)

频率/Hz	相位 $\varphi/(°)$			相位差 $\Delta\varphi/(°)$	
	φ_A	φ_B	φ_C	$|\varphi_A-\varphi_B|$	$|\varphi_A-\varphi_C|$
20	157.88	156.53	321.43	1.35	163.55
30	136.98	137.78	294.13	0.8	157.15
40	116.95	116.46	268.69	0.49	151.74
50	102.64	100.14	248.29	2.5	145.65

　　行波磁场感应耦合示意图如图 5-16 所示。可以看出，A 相在左侧的线圈同 B 相在右侧的线圈感应电势的幅值趋于一致，且幅值大于 A 相在右侧线圈感应电势的幅值。C 相左右两侧的线圈感电势幅值应是相同的。由于绕线方向不同，C 相与 A 相、B 相两相的相位差接近 180°。由于 A、B 两相与 C 相存在 180°相位差，因此当三相绕组星形短接时，会在旋转绕组内形成环流。在 20Hz、30Hz、40Hz 和 50Hz 的电源频率下，旋转部分绕组内的感应电流如图 5-17 所示。旋转运动弧形定子绕组中产生的感应电流及相关数据处理如表 5-10 和表 5-11 所示。可以看出，仅直线运动弧形定子通电时，由于静态耦合效应的影响，旋转运动弧形定子绕组中产生感应电流。在恒压频比条件下，随着直线运动弧形定子所加电源频率的增大，旋转运动弧形定子绕组内产生的感应电流逐渐增大。其中，A 相和 B 相各自感应电流的数值差 $|I_A-I_B|$ 不大于 0.03A，相位角差 $|\varphi_A-\varphi_B|$ 不超过 5.57°，可认为两者近似同幅值、同相位。A 相和 C 相感应电流数值差 $|I_A-I_C|$ 随着直线部分激励频率的增大而增大，C 相感应电流近似为 A 相的两倍，即 $I_C \approx 2I_A$，其相位差 $|\varphi_A-\varphi_C|$ 约为 180°，符合安培环路定理和基尔霍夫守恒定律。直线运动在旋转部分产生静态耦合效应的影响，表现在感应电流上的规律，即由于静态耦合效应的影响，当直线运动弧形定子被施以电源时，尽管旋转运动弧形定子未通电，绕组中仍产生随直线运动弧形定子所加激励频率增大而逐渐增大的感应电流，其中 A 相和 B 相感应电流的大小相等、相位接近，C 相感应电流大小为 A 相的两倍，相位相差约 180°。

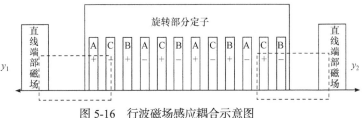

图 5-16　行波磁场感应耦合示意图

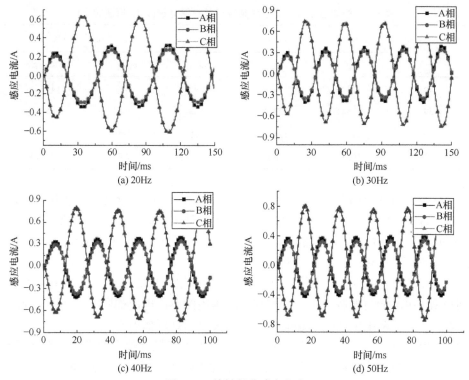

图 5-17　旋转部分感应电流

表 5-10　旋转运动弧形定子绕组感应电流有效值($s=1$，恒压频比)

频率/Hz	有效值/A			差值 ΔI/A	
	I_A	I_B	I_C	$\|I_A-I_B\|$	$\|I_A-I_C\|$
20	0.24	0.21	0.45	0.02	0.21
30	0.28	0.25	0.54	0.03	0.25
40	0.39	0.26	0.57	0.03	0.27
50	0.30	0.27	0.57	0.03	0.28

表 5-11　旋转运动弧形定子绕组感应相关数据处理($s=1$，恒压频比)

频率/Hz	相位 φ/(°)			相位差 $\Delta\varphi$/(°)	
	φ_A	φ_B	φ_C	$\|\varphi_A-\varphi_B\|$	$\|\varphi_A-\varphi_C\|$
20	297.46	296.92	117.21	0.54	180.25
30	88.47	85.85	267.25	2.62	178.78
40	250.18	245.64	68.06	4.54	182.12
50	236.33	230.76	53.73	5.57	182.6

2. 瞬态仿真分析(直线部分绕组通电对旋转部分感应转矩的影响)

为确定这种耦合对旋转部分感应转矩影响的程度，将直线部分绕组分别通入 20Hz、30Hz、40Hz 和 50Hz 的电源，同时旋转部分三相绕组星形短接，计算此时感应电磁转矩的曲线。仿真结果如图 5-18 和表 5-12 所示。由图 5-18 可以看出，旋转部分感应产生的转矩最大为 0.12N·m，这是因为 A 相与 B 相同相位，并与 C 相反相位，无法形成旋转磁场，使动子所受转矩波动。随着直线频率的增大，旋转部分感应电磁转矩也增大，这是因为旋转部分的感应电势随着直线部分电源频率的增大而增大。由于三相绕组短接会加剧环流，旋转部分定子内感应磁场增大，动子感应转矩也随之增大。

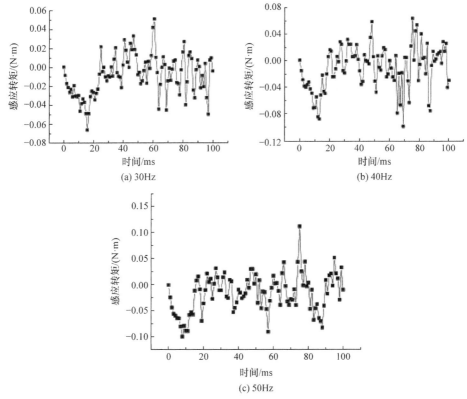

图 5-18   旋转部分感应转矩

表 5-12   动子感应旋转转矩($s=1$，恒压频比)

参数	10	20	30	40	50
转矩/(N·m)	0.01	0.04	0.07	0.10	0.11

对于其他直线运动转差率的情况，仍可采用相同的算法对其静态耦合效应引起的旋转运动弧形定子感应电势、感应电流及动子感应转矩进行分析。以施加 LC50Hz、LS20Hz 激励源为例，其中 L 表示仅直线运动弧形定子绕组通电，C 表示旋转运动弧形定子绕组开路，S 表示旋转运动弧形定子绕组短路，数字表示直线运动弧形定子绕组所加电源频率。旋转运动弧形定子感应电势、感应电流随直线运动转差率变化曲线如图 5-19 所示。旋转感应转矩随直线运动转差率变化曲线(LS20Hz)如图 5-20 所示。相关数据在表 5-13 中列出。可以看出，对于任意直线运动转差率，静态耦合效应在旋转运动弧形定子中产生的感应电势、感应电流的数值关系均满足式(5-10)。同时可以发现，随着直线运动转差率的增大，感应电势、感应电流，以及感应转矩逐渐减小。这是因为随着直线运动转差率的增大，直线运动速度减小，行波磁场耦合到旋转部分的磁场减少，直线运动产生的静态耦合效应随之减小。值得注意的是，直线运动为堵转状态时，与空载运动时的结果相比，其旋转运动定子绕组内的感应电势仅下降3.3%(以所加激励为 LC50Hz 为例)，感应电流仅下降 8.6%(以所加激励为 LS20Hz 为例)。因此，可以推断，2DOF-DDIM 特有的分裂定子结构是造成静态耦合效应产生的主要原因。此外，其运动自由度的运动剧烈程度也是影响静态耦合效应的原因之一。

$$
\begin{cases}
U_A \approx U_B \approx U_C \\
I_A \approx I_B \approx 0.5I_C
\end{cases}
\tag{5-10}
$$

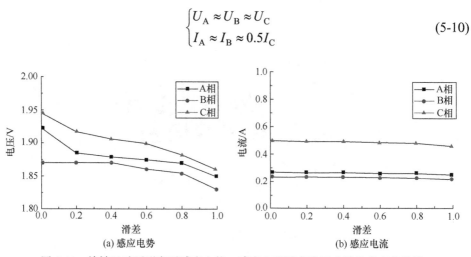

图 5-19　旋转运动弧形定子感应电势、感应电流随直线运动转差率变化曲线

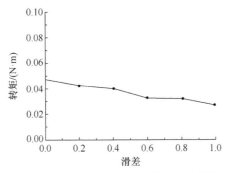

图 5-20　旋转感应转矩随直线运动转差率变化曲线(LS20Hz)

表 5-13　旋转感应电势、感应电流、转矩和直线运动转差率

直线运动转差率	感应电势/V (LC50Hz)			感应电流/A (LS20Hz)			感应转矩/(N·m) (LS20Hz)
	U_A	U_B	U_C	I_A	I_B	I_C	
0	1.92	1.87	1.94	0.37	0.33	0.70	0.05
0.2	1.88	1.87	1.92	0.37	0.33	0.70	0.04
0.4	1.88	1.87	1.91	0.37	0.32	0.69	0.04
0.6	1.87	1.86	1.90	0.36	0.32	0.68	0.03
0.8	1.87	1.85	1.88	0.36	0.31	0.67	0.03
1.0	1.85	1.83	1.86	0.34	0.30	0.64	0.03

3. 直线运动部分存在与通电对旋转运动部分的影响分析

如图 5-21 所示，不通电的直线运动部分定子存在与否对该电机做空载旋转运动时的速度、转矩和电流几乎无影响。当直线运动部分的定子通电使动子做螺旋运动时，相应旋转运动的空载速度会下降很多(从 4500°/s 下降到约 3300°/s)，转矩会稍微减小且波动变大，但电流仍然几乎不变。这说明，直线运动部分定子通电，即轴向行波磁场会对旋转运动部分产生较大影响。

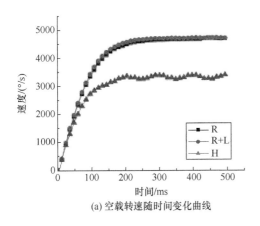

(a) 空载转速随时间变化曲线　　　　　　　(b) 转矩随时间变化曲线

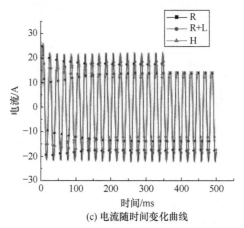

(c) 电流随时间变化曲线

图 5-21　直线运动部分存在与通电对旋转运动部分的影响

4. 不同直线运动部分电源频率对旋转运动部分的影响分析

　　当旋转和直线运动部分定子都通电(动子做螺旋运动)时，旋转运动部分定子的电源频率为 50Hz。改变直线运动部分定子电源频率为 2Hz、5Hz、10Hz 时，不同直线运动部分电源频率对旋转运动部分的影响如图 5-22 所示。可以发现，直线

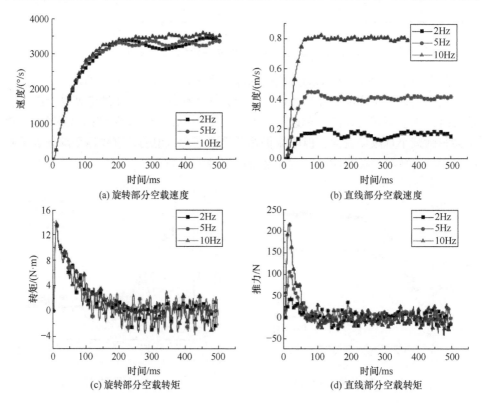

(a) 旋转部分空载速度

(b) 直线部分空载速度

(c) 旋转部分空载转矩

(d) 直线部分空载转矩

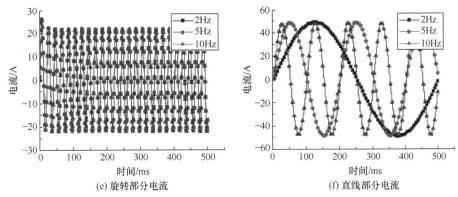

(e) 旋转部分电流　　　　　　　　　　(f) 直线部分电流

图 5-22　不同直线运动部分电源频率对旋转运动部分的影响

运动速度和推力都随着直线运动部分定子电源频率的增加而增加。由于轴向运动和行波磁场的存在，旋转运动部分空载旋转速度有所减小，但空载速度减小的幅度(约为 27%)、转矩和旋转运动部分定子电流、直线运动部分定子电流并未随着直线运动部分电源频率的改变而改变。

5.3　运动耦合效应解析分析

5.3.1　运动耦合效应的存在

由图 5-21 可以看出，不通电的直线运动部分定子的存在与否对该电机做空载旋转运动时的速度、转矩和电流几乎无影响。当直线运动部分定子通电使动子做螺旋运动时，相应旋转运动的空载速度从 4500°/s 下降到约 3300°/s，下降幅度达到近 26.7%。这表明，直线部分绕组通电产生的行波磁场影响旋转部分的运动，证明运动耦合效应的存在。

在 2DOF-DDIM 的三维有限元模型中，将动子旋转转速设置为零转速，旋转部分通入 220V、50Hz 的三相交流电，计算直线部分通电(存在耦合)与直线部分不通电(没有耦合)两种情况下的旋转转矩情况。其结果如图 5-23(a)所示。相似地，同样计算在存在耦合与没有耦合两种条件下的直线推力，结果如图 5-23(b)所示。2DOF-DDIM 电磁力参数如表 5-14 所示。对比没有耦合与存在耦合时的旋转转矩与直线推力可以发现，直线部分耦合磁场造成旋转转矩降低 0.3N·m，转矩波动提高 1.03 倍；旋转部分耦合磁场造成直线推力降低 1N，推力波动提高 1.15 倍。由此可以总结，运动耦合效应会引起电机转矩(推力)的幅值下降、波动增加，并且对推力波动的影响较大。

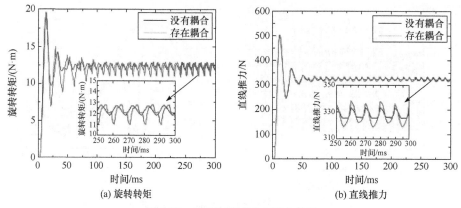

图 5-23　2DOF-DDIM 电磁力曲线

表 5-14　2DOF-DDIM 电磁力参数

项目		没有耦合	存在耦合
旋转转矩 /(N·m)	平均值	12.34	12.09
	波动	0.30	0.61
直线推力 /N	平均值	328.3	327.3
	波动	2.903	6.236

　　在 2DOF-DDIM 的三维有限元模型中，将动子直线速度设置为零速度，旋转部分通入 220V、50Hz 的三相交流电，直线部分通电(存在耦合)与直线部分不通电(没有耦合)两种情况下的旋转速度如图 5-24(a)所示。相似的，在存在耦合与没有耦合两种条件下的直线速度如图 5-24(b)所示。2DOF-DDIM 速度参数如表 5-15 所示。可以发现，直线部分耦合磁场造成旋转速度降低 10.8%，旋转速度波动增

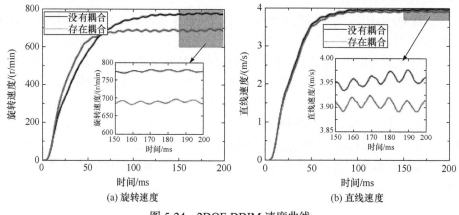

图 5-24　2DOF-DDIM 速度曲线

表 5-15　2DOF-DDIM 速度参数

项目		没有耦合	存在耦合
旋转速度 /(r/min)	平均值	774.5	690.8
	波动	2.22	3.35
直线速度 /(m/s)	平均值	3.949	3.907
	波动	0.0081	0.0086

加 50.9%；旋转部分耦合磁场造成直线速度降低 1.1%，直线速度波动增加 6.2%。由此可以总结，运动耦合效应会引起电机输出速度下降，速度波动增大，且对速度波动的影响较大。

由此可知，2DOF-DDIM 运动耦合效应会引起电机输出电磁力降低，速度下降，电磁力与速度波动增大。运动磁耦合对 2DOF-DDIM 旋转部分转矩与直线部分推力的影响是相似的，但无论是对旋转速度的降低幅度，还是旋转速度波动的增大幅度，都是对直线速度影响结果的十倍左右，即旋转部分速度受到运动耦合效应的影响要强于直线部分。由表 5-15 可见，旋转部分的空载速度为 774.5r/min，大于旋转同步速度 750r/min，直线部分速度为 3.949m/s，大于直线同步速度 3.9m/s。这是因为直线电机的定子铁芯的开断，纵向端部效应产生的端部磁场作用于次级，使磁场的等效电磁极距大于物理极距，空载速度大于其物理极距下的同步速度。

当 2DOF-DDIM 仅有旋转部分通电时，电机做旋转运动，旋转部分与直线部分交界处(动子旋转部分周向出端，周向 180°)的气隙磁场分布如图 5-25(a)所示。在上述仿真条件的基础上，给直线部分施加三相交流电(存在耦合)，相同位置的气隙磁场分布如图 5-25(b)所示。由图 5-25(a)可见，当没有耦合时，旋转部分由于纵向端部效应产生的端部磁场超出定子区域，对动子磁场产生影响，相当于旋转部分气隙磁场极距变大，即等效电磁极距大于物理极距。等效电磁极距受定子极数的影响，是物理极距的$(0.359/2p+1)$倍。这就是旋转部分空载速度超过同步速度(750r/min)的原因。当存在耦合时，由于直线部分有效磁场强于旋转部分耦合磁场，旋转部分耦合磁场对动子的作用被直线部分有效磁场掩盖，使旋转部分的等效电磁极距减小，小于或等于旋转部分的物理极距。直线部分耦合于旋转部分的磁场是横向端部效应与端部绕组产生的，对直线部分的速度没有影响。综上所述，运动耦合效应对旋转速度的影响强于对直线部分的影响，直线部分磁场可以掩盖旋转部分耦合磁场对旋转运动的影响，减小旋转部分的等效电磁极距。

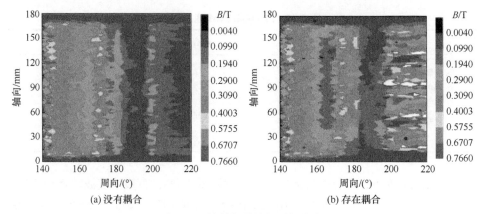

(a) 没有耦合　　　　　　　　　　　　　(b) 存在耦合

图 5-25　旋转部分端部磁场分布

5.3.2　基于磁场计算模型的运动耦合效应解析分析

为了分析 2DOF-DDIM 的运动耦合效应，进一步将电机动子简化为铁磁圆柱结构且轴向无限长。由于电机气隙 g 较转子外径 D_2 小得多，同时转子内的电磁现象主要发生在较薄的渗透层内。因此，为了便于分析，在定子内径上建立直角坐标系(图 5-26)。假设仅存在 z 轴方向的电流，转子存在 x 轴方向的圆周旋转运动和 z 轴方向的直线运动。

为保证一定精度，对电机磁场的计算模型作如下假定。

① 磁场是沿着电机初级运动方向 x 轴变化的，与其他方向无关。电流方向都是在 z 轴方向的。相应气隙中存在矢量磁位 $A(x, y, z, t)$，假定 A 沿 z 轴正方向且方向不变化。

② 各种场量在空间和时间上是正弦规律变化的。

③ 考虑基波分量。

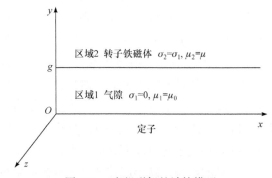

图 5-26　电机磁场的计算模型

④ 各层物理常数是匀质各向同性的,其饱和影响可以忽略不计,磁滞损耗和集肤效应均忽略不计。

⑤ 认为定子绕组激磁以后,定子磁势在气隙里建立按正弦规律变化的行波磁场,则 $B_y = B_m \mathrm{e}^{\mathrm{j}(\omega t - \beta x)}$, $\beta = \pi / \tau$, τ 为极距。

⑥ 转子存在沿 x 轴方向的圆周旋转运动及沿 z 轴方向的直线运动,即螺旋运动。

当动子仅做旋转运动时, $V = V_x i$ 与一般旋转电机类似。它将在动子中感应电势 e_z ,电流 i_z 及电枢反应磁通 B_x ,动子电流 i_z 将建立矢量磁位 A_z 。当动子仅做直线运动时, $V = V_z k$ 。在动子中,将产生电势 e_x ,电流 i_x 相应地建立矢量磁位 A_x ,由矢量磁位 A_x 产生相应的磁通 B_z ,电磁力 F_x 的方向与 V_z 相反,起制动作用。当动子做螺旋运动时, $V = V_x i + V_z k$ 。其电磁现象应视为上述运动叠加的结果。除产生 e_x 、 e_z 外,还将产生电势 e_y 、电流 i_y 、矢量磁位 A_y 。通过上述分析,动子做螺旋运动时,在动子铁磁体内存在三维矢量磁位 $A = A_x i + A_y j + A_z k$,相应地存在三维矢量 B 、 J 和 H 等。

由 Maxwell 方程组及矢量磁位 A 的定义, $B = \nabla \times A$, $\nabla \cdot A = 0$ 。在工频时,忽略位移电流的影响,则可以导出

$$\nabla^2 A = \mu \sigma \left[\frac{\partial A}{\partial t} - V \times (\nabla \times A) \right] \tag{5-11}$$

其中, μ 和 σ 为转子铁磁体的磁导率和电导率; V 为转子运动速度。

由上述分析可得,在动子铁磁体内任意点的矢量磁位三维矢量,且沿 z 轴不变化,即 $\frac{\partial A}{\partial z} = 0$ 。由此可以建立如下方程,即

$$\begin{cases} \nabla^2 A_x = \mu \sigma \left(\dfrac{\partial A_x}{\partial t} - V_z \dfrac{\partial A_z}{\partial t} \right) \\[3mm] \nabla^2 A_y = \mu \sigma \left[\dfrac{\partial A_y}{\partial t} - V_z \dfrac{\partial A_z}{\partial y} + V_x \left(\dfrac{\partial A_y}{\partial x} - \dfrac{\partial A_x}{\partial y} \right) \right] \\[3mm] \nabla^2 A_z = \mu \sigma \left(\dfrac{\partial A_z}{\partial t} + V_x \dfrac{\partial A_z}{\partial x} \right) \end{cases} \tag{5-12}$$

根据式(5-12),可以将约束磁场的拉普拉斯方程和泊松方程求解归结为对二阶常系数线性微分方程的求解,结合以下边界条件进行求解,即

$$
\begin{cases}
H_{1x} = -J_s \\
A_{1x} = 0 \quad, \quad y = 0 \\
A_{1y} = 0
\end{cases}
\tag{5-13}
$$

$$
\begin{cases}
B_{1y} = B_{2y} \\
H_{1x} = H_{2x}
\end{cases} \quad y = g
\tag{5-14}
$$

$$
\begin{cases}
A_{2x} = 0 \\
A_{2y} = 0, \quad y = \infty \\
A_{2z} = 0
\end{cases}
\tag{5-15}
$$

可以求出气隙和动子铁芯中的矢量磁位。

在气隙中，$A_1 = A_{1x}i + A_{1y}j + A_{1z}k$，则

$$
\begin{cases}
A_{1x} = 0 \\
A_{1y} = 0 \\
A_{1z} = \dfrac{B_m}{j\beta\gamma}\left[\operatorname{ch}\beta(y-g) - \dfrac{\alpha_x\mu_0}{\mu\beta}\operatorname{sh}\beta(y-g)\right]e^{j(\omega t-\beta x)}
\end{cases}
\tag{5-16}
$$

在动子中，$A_2 = A_{2x}i + A_{2y}j + A_{2z}k$，则

$$
\begin{cases}
A_{2x} = -\dfrac{V_z B_m}{V_x j\beta\gamma}e^{-\alpha_x(y-g)}e^{j(\omega t-\beta x)} \\[2mm]
A_{2y} = j\dfrac{\beta}{\alpha_x}\dfrac{V_z B_m}{V_x j\beta\gamma}e^{-\alpha_x(y-g)}e^{j(\omega t-\beta x)} \\[2mm]
A_{2z} = \dfrac{B_m}{j\beta\gamma}e^{-\alpha_x(y-g)}e^{j(\omega t-\beta x)}
\end{cases}
\tag{5-17}
$$

其中

$$
\begin{cases}
\alpha_z^2 = \beta^2 + js\omega\mu\sigma \\
\gamma = \operatorname{ch}(\beta g) + \dfrac{\alpha_z\mu_0}{\beta\mu}\operatorname{sh}(\beta g)
\end{cases}
\tag{5-18}
$$

本章参考文献[88]～[90]的相关结论进行公式推导。为了简化计算，式(5-17)忽略了以 α_x 为指数的衰减量。相应的磁感应强度 $B_{1(x,y,z)}$、$B_{2(x,y,z)}$；电场强度 $E_{1(x,y,z)}$、$E_{2(x,y,z)}$ 和电流密度 $J_{1(x,y,z)}$、$J_{2(x,y,z)}$ 都可以求得。由洛伦兹力方程式可以得出其电磁力 $F = J \times B$，$J = \sigma(E + V \times B)$。显然，在空气隙中，由于电导率 σ 为零，因此不会产生任何电磁力。动子部分所受电磁力为

$$F$$

$$= \sigma(E + V \times B) \times B$$

$$= \sigma\left(-\frac{\partial A}{\partial t} \times B + V \times B \times B\right)$$

$$= \sigma\left(\begin{bmatrix} i & j & k \\ B_{2x} & B_{2y} & B_{2z} \\ \dfrac{\partial A_{2x}}{\partial t} & \dfrac{\partial A_{2y}}{\partial t} & \dfrac{\partial A_{2z}}{\partial t} \end{bmatrix} + \begin{bmatrix} i & j & k \\ V_x & 0 & V_z \\ B_{2x} & B_{2y} & B_{2z} \end{bmatrix} \times \vec{B}\right)$$

$$= \sigma\begin{bmatrix} i & j & k \\ B_{2x} & B_{2y} & B_{2z} \\ \dfrac{\partial A_{2x}}{\partial t} & \dfrac{\partial A_{2y}}{\partial t} & \dfrac{\partial A_{2z}}{\partial t} \end{bmatrix} + \sigma\begin{bmatrix} i & j & k \\ -V_z B_{2y} & -V_x B_{2z} + V_z B_{2x} & V_x B_{2y} \\ B_{2x} & B_{2y} & B_{2z} \end{bmatrix} \quad (5\text{-}19)$$

最终得到动子做螺旋运动时，动子受力 F 在 x、y、z 轴上的分量为

$$\begin{cases} F_x = \sigma\left(V_z B_{2x} B_{2z} - V_x B_{2y}^2 - V_x B_{2z}^2 + B_{2y}\dfrac{\partial A_{2z}}{\partial t} - B_{2z}\dfrac{\partial A_{2y}}{\partial t}\right) \\[3mm] F_y = \sigma\left(V_x B_{2x} B_{2y} + V_z B_{2y} B_{2z} - B_{2x}\dfrac{\partial A_{2z}}{\partial t} + B_{2z}\dfrac{\partial A_{2x}}{\partial t}\right) \\[3mm] F_z = \sigma\left(V_x B_{2x} B_{2z} - V_z B_{2y}^2 - V_z B_{2x}^2 - B_{2y}\dfrac{\partial A_{2x}}{\partial t} + B_{2x}\dfrac{\partial A_{2y}}{\partial t}\right) \end{cases} \quad (5\text{-}20)$$

当动子仅以 V_x 做旋转运动时，令式(5-16)中 $V_z = B_{2z} = A_{2x} = A_{2y} = 0$，即可得到电磁力，即

$$F_x = \sigma\left(-V_x B_{2y}^2 + B_{2y}\frac{\partial A_{2z}}{\partial t}\right)i + \sigma\left(V_x B_{2x} B_{2y} - B_{2x}\frac{\partial A_{2z}}{\partial t}\right)j \quad (5\text{-}21)$$

当动子仅以 V_z 做直线运动时，令式(5-14)中 $V_x = B_{2x} = A_{2z} = A_{2y} = 0$，即可得到电磁力，即

$$F_z = \sigma\left(V_z B_{2y} B_{2z} + B_{2z}\frac{\partial A_{2x}}{\partial t}\right)j + \sigma\left(-V_z B_{2y}^2 - B_{2y}\frac{\partial A_{2x}}{\partial t}\right)k \quad (5\text{-}22)$$

当动子做螺旋运动时，考虑直线运动速度 V_z 的影响，引入直线运动与旋转运动二者的相互作用。除了产生上述 F_x、F_z 外，还将产生电磁力密度 ΔF，即式(5-20)中除去式(5-21)和式(5-22)所含的项后剩下的部分，即

$$\Delta F = \sigma\left(V_z B_{2x} B_{2z} - V_x B_{2z}^2 - B_{2z}\frac{\partial A_{2y}}{\partial t}\right)i + \sigma\left(V_x B_{2x} B_{2z} - V_z B_{2x}^2 + B_{2x}\frac{\partial A_{2y}}{\partial t}\right)k \quad (5\text{-}23)$$

将已求得的动子中矢量磁位和磁感应强度的表达式代入 ΔF 的表达式中，即

$$\begin{cases} \Delta F_x = -\mathrm{j}\mu\beta\left[sV_1\dfrac{V_z}{V_x}\dfrac{\sigma B_m}{\alpha_z\beta\gamma}\mathrm{e}^{-\alpha_z(y-g)}\mathrm{e}^{\mathrm{j}(\omega t-\beta x)}\right]^2 \\[3mm] \Delta F_z = -\sigma sV_1\dfrac{V_z}{V_x}\left[\dfrac{B_m\alpha_z}{\beta\gamma}\mathrm{e}^{-\alpha_z(y-g)}\mathrm{e}^{\mathrm{j}(\omega t-\beta x)}\right]^2 \end{cases} \tag{5-24}$$

其中，V_1 为同步速度。

当 $0<s<1$ 时，由于 $\Delta F_x \propto (s*V_z/V_x)^2$、$\Delta F_z \propto (s*V_z/V_x)^2$，且分别与 F_x 和 F_z 的方向相反，起制动作用。这说明，ΔF_x、ΔF_z 与 V_z/V_x 和转差率 s 有关。由于动子的轴向直线运动，直线运动和旋转运动耦合影响的作用力将产生，会减小电机的电磁转矩和电磁推力。同理，由于动子的旋转运动，旋转运动和直线运动耦合影响的作用力将产生，也会减小电磁转矩和电磁推力，因此动子做螺旋运动时，与做单自由度运动相比，电机的力能参数会有所损失。动子做螺旋运动时引入运动耦合影响，随着 V_z 的增大而增大，反之亦然。当 V_z 很小时，A_{2x}、A_{2y}、E_{2x}、E_{2y} 等近似为零，仅存在 A_{2z}、B_{2x}、B_{2y}、E_{2z}。此时，可以忽略运动耦合的影响，认为与一般旋转电机相似。

5.3.3 旋转耦合系数

当直线部分绕组通电时，动态耦合效应的存在会使旋转运动的速度受到影响，直线部分的行波磁场会影响旋转运动。由于动子旋转速度的存在，动子的导电层会由无行波磁场区域进入行波磁场区域，受到行波磁场的影响。因此，可以推测，动子旋转运动速度下降的原因是动子旋转运动时受到来自行波磁场的阻力矩。为进一步分析这种现象，该电机的端部展开图如图 5-27 所示。

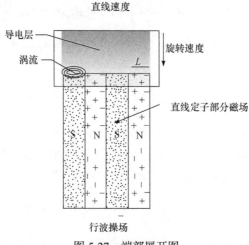

图 5-27　端部展开图

　　当导电层由无行波磁场区域进入行波磁场区域，导体会切割行波磁场，在直线部分定子端部处的动子导电层内会产生涡流，并受到行波磁场的阻力。导电层相当于由无数个导体组成的，假设此时导电层上有一段导体，它的长度为 L。在某一时刻，该处的磁感应强度为 B，导电层的运动速度为 v，导体内的感应电势为 e，即

$$e = BLv \tag{5-25}$$

　　导体受到的力为

$$F_1 = BIL = \frac{B^2 L^2}{R} v \tag{5-26}$$

其中，R 为此段导体的电阻值。

　　因此，导电层受到的力为

$$F = \sum_{i=1}^{K} F_1 \tag{5-27}$$

其中，K 为端部涡流部分的导体个数。

　　联立式(5-26)和式(5-27)，可得

$$F = K \frac{B^2 L^2}{R} v = kv \tag{5-28}$$

其中，k 为设定的耦合系数。

　　由式(5-28)可知，在行波磁场强度不变的情况下，k 的值也不会发生变化。

　　上述公式是在端部展开的前提下推导出来的。对于动子的旋转运动，公式需要修正为如下形式，即

$$T = K \frac{B^2 L^2}{R} v = k_s n \tag{5-29}$$

其中，k_s 为旋转耦合系数，其值与行波磁场磁感应强度有关。

　　在实际电机中，由于直线部分绕组通入的是交流电，直线部分定子内行波磁场的磁感应强度是变化的，其变化周期如图 5-28(a)所示。动子受到的阻力也会随着行波磁场感应强度变化而变化。不论此处的磁感应强度是正还是负，行波磁场总会阻碍旋转运动，因此动子所受阻力周期变化图如图 5-28(b)所示。

　　可以看出，阻力矩的波动周期为行波磁场波动周期的一半，即

$$T_F = T_{\text{power}} / 2 \tag{5-30}$$

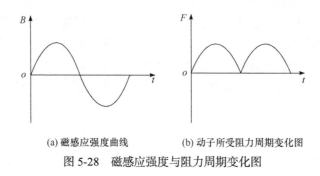

(a) 磁感应强度曲线　　　　　　(b) 动子所受阻力周期变化图

图 5-28　磁感应强度与阻力周期变化图

　　由于动子受到的阻力存在周期性波动，因此动子的旋转速度也会随之产生波动。通过上述分析可以做出这样的假设，随着行波磁场周期的缩短，动子所受阻力的波动周期也会随之减少。当行波磁场的周期减小到一定程度时，在动子的旋转速度波动也会减小，旋转速度趋于稳定。为验证上述假设，给旋转部分绕组通入 127V、50Hz 的电源，直线部分分别通入 2Hz、5Hz 和 10Hz 的电源，观察旋转运动速度的波动情况。从图 5-29 可以看出，随着直线部分电源频率的增大，动子的旋转速度波动随之减少，验证了假设的正确性。当直线部分电源频率达到 10Hz 时，动子的旋转速度波动非常小，因此在后续计算动子所受阻力的大小时，决定采用直线部分电源频率 10Hz，以减小计算误差。

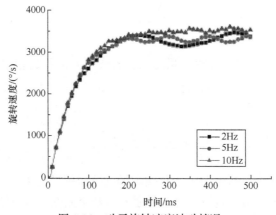

图 5-29　动子旋转速度波动情况

5.3.4　速度耦合因子

　　根据静态磁耦合的分析可知，磁耦合效应随着旋转速度的增大而增强，而直线速度对磁耦合效应基本没有影响。由运动耦合效应对电机外特性的影响可知，磁耦合引起速度下降，波动提高。运动耦合效应是否与静态磁耦合效应有相同的影响因素，需要更多的计算分析。针对运动耦合效应对电机速度的影响，提出速度耦合因子，即直线耦合因子 K_{lcm} 与旋转耦合因子 K_{rcm}，以表征运动耦合效应对电机速度的影响。耦合因子表达式为

$$\begin{cases} K_{lcm} = \dfrac{V_{rcm}}{V_r} \\ K_{rcm} = \dfrac{V_{lcm}}{V_l} \end{cases} \tag{5-31}$$

其中，V_l 与 V_r 为没有耦合时的直线速度与旋转速度；V_{lcm} 与 V_{rcm} 为存在耦合时的直线速度与旋转速度，即直线耦合因子为存在耦合时与没有耦合时的旋转速度之比，旋转速度耦合因子为存在耦合时与没有耦合时的直线速度之比。

基于 2DOF-DDIM 的三维有限元模型，分别计算不同直线速度下没有耦合与存在耦合时的旋转速度，以及不同旋转速度下没有耦合与存在耦合时的直线速度，进而求得的直线耦合因子 K_{lcm} 随直线部分转差率 s_l 的变化(图 5-30(a))，以及旋转耦合因子 K_{rcm} 随旋转部分转差率 s_r 的变化(图 5-30(b))。

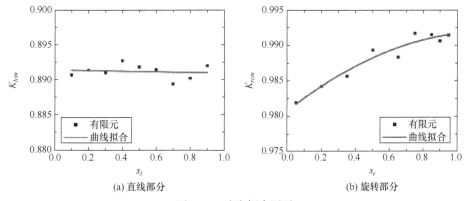

(a) 直线部分　　　　　　　　　(b) 旋转部分

图 5-30　速度耦合因子

由图 5-30(a)可见，直线耦合因子 K_{lcm} 随着转差率变化几乎保持不变，即直线部分速度对旋转速度几乎没有影响。这与之前所得直线部分耦合磁场强度不受直线速度影响的结论是一致的。由图 5-30(b)可知，旋转耦合因子 K_{rcm} 随着旋转部分转差率 s_r 的增大而增大，在 s_r 趋近于 1 时，K_{rcm} 也趋近于 1，即旋转部分耦合磁场对直线部分速度的影响随着速度的减小而降低。这与之前所得旋转部分耦合磁场强度随着旋转速度的减小而减弱是一致的。根据以上分析，可以认为耦合磁场越强，对电机的速度的影响越大。对有限元计算的结果进行曲线拟合，求得直线耦合因子 K_{lcm} 随直线部分转差率 s_l 与旋转耦合因子 K_{rcm} 随旋转部分转差率 s_r 的表达式为

$$\begin{cases} K_{lcm} = 0.89136 \\ K_{rcm} = e^{-0.0194 + 0.0194 s_r - 0.0083 s_r^2} \end{cases} \tag{5-32}$$

由式(5-32)与图 5-30 可知，直线耦合因子 K_{lcm} 保持在常数 0.891 附近波动，旋转耦合因子 K_{rcm} 在保持 0.98~0.995 之间。也就是说，运动耦合效应对旋转速度的影响约为 11%，对直线速度的影响不超过 2%。因为直线部分有效磁场掩盖了旋转部分耦合磁场对旋转速度的影响，所以旋转部分等效电磁极距减小。没有耦合时，旋转部分物理极距与等效电磁极距之比为 0.9176，所以减去直线部分有效磁场对旋转部分等效电磁极距的影响之外，直线部分耦合磁场对旋转速度的影响为 0.9176–0.89136≈0.026。这与旋转部分耦合磁场对直线部分速度的影响相差不大。

5.4　运动耦合效应有限元分析

与传统的仅进行旋转运动的旋转电机或仅进行直线运动的直线电机相比，2DOF-DDIM 可以产生旋转、直线和螺旋三种运动。本节将对其在不同运行模式下的工作原理及其特性进行分析。

1. 二维旋转运动

如图 5-31 所示，当只有旋转部分的定子通电时，只有旋转磁场产生。根据电磁感应原理，动子表面将产生感应电流，进而产生电磁转矩。然后，将进行旋转运动。值得注意的是，对于 2DOF-DDIM 的弧形定子而言，其理想同步转速的计算与传统的旋转电机不同。对于传统旋转电机而言，其理想同步转速 n_{ideal} 可以由公式 $n_{ideal} = 60f/p$ 计算得到，其中 f 为电源频率，p 为极对数。对于 2DOF-DDIM，可以想象成一个平板直线电机展开得到的(图 5-31)。因此，其理想转速 n'_{ideal} 应参照直线电机的转速公式进行计算，即

$$n'_{ideal} = 60v_{R\_ideal}/\pi D_1 \tag{5-33}$$

其中，D_1 为定子内径；v_{R_ideal} 为旋转运动部分的理想线速度，即

$$v_{R\_ideal} = 2f\tau_R = 2f\frac{C}{2p} \tag{5-34}$$

其中，τ_R 为旋转运动部分的极距；C 为内周长，$C=\pi D_1/2$。

因此，将式(5-34)代入式(5-33)，可得

$$n'_{ideal} = 60 \times 2f\frac{\pi D_1/2}{2p}/\pi D_1 = \frac{60f}{2p} \tag{5-35}$$

其中，f=50Hz；p=2。

因此，可以得到 n'_{ideal} =750r/min。

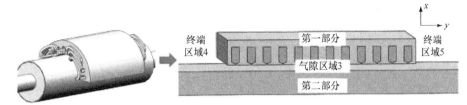

图 5-31 等效转换

空载情况下，2DOF-DDIM 旋转部分绕组通入 220V、50Hz 交流电，直线部分绕组不通电。2DOF-DDIM 旋转时气隙磁通密度(绝对值$|B|$)等高线图如图 5-32 所示。

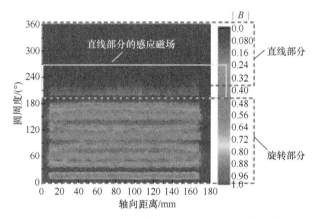

图 5-32 2DOF-DDIM 旋转时气隙磁通密度(绝对值$|B|$)等高线图

圆周度为 0°~180°的区域对应旋转部分的定子，200°~340°的区域对应直线部分的定子。可以看出，旋转运动部分气隙中的感应磁场并不是连续周期变化的。在直线绕组不通电的情况下，旋转部分的感应磁场延伸到了旋转定子周长之外的直线部分末端。三维有限元计算得到的空载转速为 792.379r/min，比理想的同步转速 750r/min 高出 5.65%。

在直线电机分析的基础上，可以对直线电机的旋转运动部分进行分析。气隙区域 3 和两个末端区域 4、5 的磁通密度的 y 轴分量可以表示为

$$\begin{cases} B_{3y} = jac_s e^{-j\delta_s}\left[e^{j(\omega t - ax + \delta_s)} - e^{-x/a_1}e^{j(\omega t - ax)} \right], \quad 0 < x < 2p\tau_R \\ B_{4y} = -\dfrac{\sigma\delta'\omega\mu_0 c_s}{0.73}\left(\dfrac{\pi}{1/a_1 + j\pi/\tau_e - j} \right)e^{\frac{0.73}{\delta'}x}e^{j\omega t}, \quad x < 0 \\ B_{5y} = jac_s\left[e^{-j2p\pi} - e^{-\left(\frac{1}{a_1}+\frac{j\pi}{\tau_e}\right)2p\tau_R} \right]e^{\frac{0.73}{\delta'}(x-2p\tau_R)}e^{j\omega t}, \quad x > 2p\tau_R \end{cases} \quad (5\text{-}36)$$

其中, ω 为角频率; $a=\pi/\tau_R$; μ_0 为真空磁导率; δ' 为计算气隙厚度; $\delta_s = \tan^{-1}(1/s/G)$,
G 为优化因子, $G = 2\mu_0\sigma f\tau_R^2/(\pi\delta')$, σ 为铜的电导率; $a_1 = 2\delta'/(\delta'X - \mu_0\sigma V_s)$,
$X = \mu_0\sqrt{A+\sqrt{A^2+B^2}}/(\sqrt{2}\delta')$, $A = \sigma V_x$, $B = 4\delta'\omega\sigma/\mu_0$; $c_s = \mu_0 J_1/[a^2\delta'(1+jsG)]$,
J_1 为等效电流密度; τ_e 为边端效应波的半波长, $\tau_e = 2\pi/Y$, $Y = \mu_0 B/$
$\left(\sqrt{2}\delta'\sqrt{A+\sqrt{A^2+B^2}}\right)$, s 为电机的转差率。

　　令 V_x 为动子在 x 轴方向的等效速度, 代入已知电机参数, 可以得到区域3、
4、5 的 B_y 的分布, 如图 5-33 所示。可以发现, 分析结果与三维有限元分析结果
一致。与传统的旋转电机相比, 该电机的定子被切断, 导致电机的纵向端部效应。
由式(5-36)和图 5-33 可知, 在定子两端外一定范围内, 磁通密度呈指数迅速衰减
为零。为了满足磁通的连续性变化原理, 在一定程度上考虑纵向端部漏磁的情况
下, 断开的铁芯会减小铁芯产生漏磁区域长度。该长度与铁芯长度相关联。因此,
有效电磁极距 τ_{RE} 比机械电磁极距的尺寸要长, 从而使空载转速比由式(5-34)计算
得到的同步转速大。

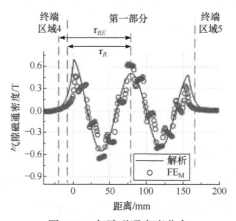

图 5-33　气隙磁通密度分布

　　如图 5-34 所示, 旋转转矩随着转速的增加而单调减小, 与传统的实心转子旋
转感应电机相似。同时, 堵转转矩可达 $10.56\mathrm{N}\cdot\mathrm{m}$。

2. 二维直线运动

　　直线运动部分包括直线运动定子和动子。仅对直线运动定子通电时, 行波磁
场将沿轴向产生。根据电磁感应原理, 轴向力使动子直线运动。理想的直线同步
速度 $v_{\mathrm{L\_ideal}}$ 可以用下式进行计算, 即

$$v_{\mathrm{L\_ideal}} = 2f\tau_L = 2fL_L/(2p) \tag{5-37}$$

其中，τ_L 和 L_L 为极距和直线运动圆弧形定子的轴向长度，L_L=156mm；f=50Hz，p=2；v_{L_ideal}=3.927m/s。

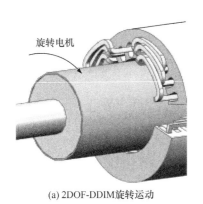

(a) 2DOF-DDIM旋转运动　　　　　　　　　　(b) 转矩-转速特性曲线

图 5-34　2DOF-DDIM 旋转运动的转矩-转速特性曲线

　　与旋转运动相似，直线运动产生超同步速度。在三维有限元的基础上进行空载仿真，计算直线运动的实际空载速度，其中直线运动绕组采用 220V、50Hz 的交流电源供电。图 5-35 为 2DOF-DDIM 在直线运动时的气隙磁通密度(绝对值$|B|$)等高线图。可以发现，即使在旋转绕组不通电的情况下，旋转部分依然存在感应磁场。这将导致式(5-37)中有效电磁极距的增大。实际空载速度为 4.03m/s，比理想直线同步速度高约 2.62%。

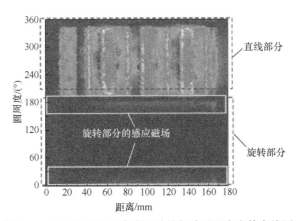

图 5-35　2DOF-DDIM 直线运动的气隙磁通密度等高线图

　　图 5-36 为 2DOF-DDIM 直线运动的推力-速度特性曲线。可以看出，随着转速的减小，受力逐渐增大，制动力达到 307.67N。

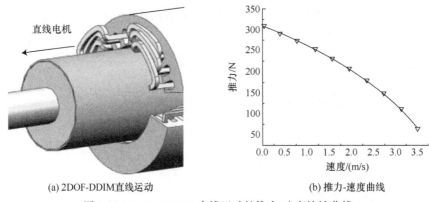

(a) 2DOF-DDIM直线运动　　　　　　　　(b) 推力-速度曲线

图 5-36　2DOF-DDIM 直线运动的推力-速度特性曲线

3. 三维螺旋运动

进行旋转运动或直线运动，旋转部分绕组或直线部分绕组会励磁。但是，如果两套定子绕组同时通电，不但产生旋转磁场，而且产生行波磁场。三维螺旋运动时气隙磁通密度分布(绝对值|B|)如图 5-37 所示。转速设置为 600r/min，轴向速度为 3.12m/s。通过控制两个运动部分的电源和负载，可以调整螺旋运动的电磁特性。图 5-37 验证了在进行螺旋运动时，电机中存在两个磁场，即旋转磁场和行波磁场。然而，两个磁场相互影响，特别是在两个定子的端部。

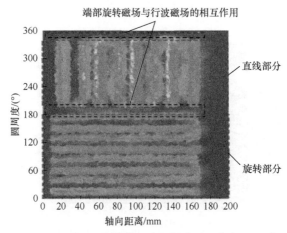

图 5-37　2DOF-DDIM 三维螺旋运动的气隙磁通密度(绝对值|B|)分布

螺旋运动的特性可以用周向和轴向分量表示，分别对应单自由度的旋转运动和直线运动。在相同功率和负载情况下，图 5-38～图 5-41 对比了与之对应的单自由度运动的磁通密度、空载特性及负载特性。

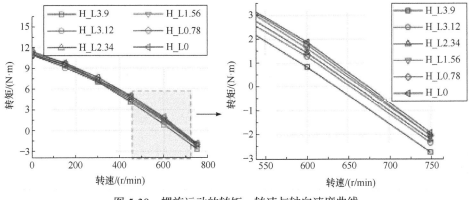

图 5-38 螺旋运动的转矩、转速与轴向速度曲线

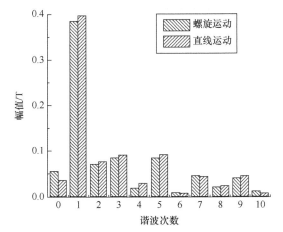

图 5-39 直线运动的气隙磁密谐波分布

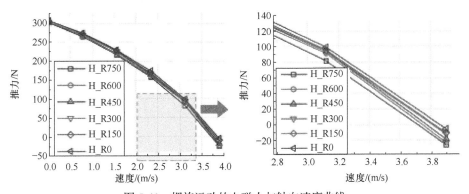

图 5-40 螺旋运动的电磁力与轴向速度曲线

螺旋运动的转矩、转速与轴向速度曲线如图 5-38 所示。与二维旋转运动 (0.340T)相比，螺旋运动(0.326T)(周向分量)的旋转磁通密度基波幅值减小。因此，

与旋转运动相比，螺旋运动下的旋转磁场被削弱。在螺旋运动情况下，对2DOF-DDIM 进行三维有限元空载仿真，表 5-16 中列出该电机的空载转速。其中，R 表示旋转运动定子供 220V、50Hz 的交流电，直线运动定子不供电的情况下，电机做旋转运动；H 表示旋转运动定子和直线运动定子均供 220V、50Hz 的交流电的情况下，电机做螺旋运动；H_R_L 表示旋转运动的负载为零，直线运动为速度驱动，并且速度在 3.90m/s、3.120m/s、2.340m/s、1.560m/s、0.780m/s 和 0m/s 之间变化。

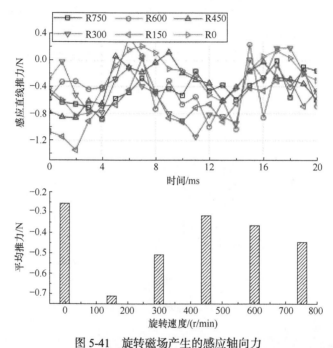

图 5-41　旋转磁场产生的感应轴向力

表 5-16　2DOF-DDIM 空载转速

实验名称	空载转速/(r/min)
R	792.38
H_R_L3.9	651.18
H_R_L3.12	660.99
H_R_L2.34	669.51
H_R_L1.56	678.99
H_R_L0.78	682.58
H_R_L0	689.56

可以看出，在螺旋运动情况下，2DOF-DDIM 的空载转速值小于二维旋转运

动情况下电机的空载转速值(792.38r/min)。同时，螺旋运动情况下的空载转速随着轴向速度的减小而增大。因此，可以确定旋转运动受到由行波磁场带来的阻力矩。此外，在旋转运动情况下，行波磁场产生的阻力矩随轴向速度的增加而增大。

图 5-38 给出了不同轴向速度下，螺旋运动的转矩随转速的变化曲线。H_L3.9 (3.12、2.34、1.56、0.78、0)表示 2DOF-DDIM 的两个定子都供电，轴向速度为 3.9m/s(3.12 m/s、2.34m/s、1.56m/s、0.78m/s 和 0m/s)。由图 5-38 可知，在轴向速度相同的情况下，转矩随转速的增大而增大；在相同转速下，直线运动速度越高，转矩越小。因此，直线运动使旋转转矩下降，进而使电机的运动性能恶化。

直线运动的气隙磁密谐波分布如图 5-39 所示。相应行波磁密的基波幅值由 0.396T 减小到 0.385T。直线运动(轴向分量)的空载速度在表 5-17 列出。其中，L 表示电机做单独的直线运动，直线运动定子供 220V、50Hz 交流电，旋转运动定子不供电；H_L_R 表示 2DOF-DDIM 的两个定子部分都供电，直线运动负载为零，并且以 750r/min、600r/min、450r/min、300r/min、150r/min、0r/min 的速度驱动旋转运动。

由表 5-17 可以看出，在螺旋运动情况下，2DOF-DDIM 的空载轴向速度低于在二维直线运动情况下电机的空载轴向速度(4.03m/s)。同时，空载螺旋运动的轴向速度随着转速的减小而增大。由此可见，直线运动也受到旋转磁场的阻力。此外，在直线运动下旋转运动产生的阻力随着转速的增加而增大。

表 5-17　2DOF-DDIM 空载轴向速度

实验名称	空载轴向速度/(m/s)
L	4.03
H_L_R750	3.80
H_L_R600	3.81
H_L_R450	3.84
H_L_R300	3.88
H_L_R150	3.90
H_L_R0	3.92

不同转速下螺旋运动的电磁力与轴向速度曲线如图 5-40 所示。H_R750(600、450、300、150 和 0)表示 2DOF-DDIM 的两个定子均供电，转速为 750r/min(600r/min、450r/min、300r/min、150r/min、0r/min)。由图 5-41 可以看出，轴向力随着螺旋运动转速的增加而减小，这与图 5-40 所示的旋转力矩变化趋势相似。

在直线部分，绕组通电与不通电的两种情况下，给旋转部分绕组通入恒压频比(127V、50Hz)的电源，频率为 30Hz、35Hz、40Hz、45Hz、50Hz。不同情况下动子旋转速度如表 5-18 所示。

表 5-18　不同情况下动子旋转速度

旋转部分电压/V	旋转部分频率/Hz	动子旋转速度/(°/s)	
		直线部分绕组不通电	直线部分绕组通电
76.2	30	2700	1918
88.9	35	3150	2280
101.6	40	3600	2666
114.3	45	4050	3065
127	50	4600	3534

可以看出，直线部分绕组通电与不通电对旋转部分的空载转速影响非常大，直线部分的行波磁场确实会阻碍动子的旋转运动。动子受到来自行波磁场的阻力与动子的速度存在正比关系。为了计算这一比值，必须计算动子受到的阻力矩。在直线部分绕组不通电，旋转部分绕组通入相同电源的情况下，将动子旋转速度设定为相同情况下直线部分通电时动子的旋转速度，计算此时动子受到的负载力矩。此负载力矩，即直线部分绕组通电时，动子受到的行波磁场的阻力矩。动子所受阻力矩如表 5-19 所示。

表 5-19　动子所受阻力矩

旋转部分电压/V	旋转部分频率/Hz	动子给定速度/(°/s)	动子所受阻力矩/(N·m)
76.2	30	1918	2.886
88.9	35	2280	3.58
101.6	40	2666	4.257
114.3	45	3065	4.748
127.0	50	3534	5.18

可以看出，在直线部分绕组通电的情况下，随着速度的增大，导电层所受的阻碍转矩也随之增大。利用阻力矩除以对应的速度，可以求出二者的比值，即

$$k_s = \frac{T_n}{v_n} \tag{5-38}$$

k_s 的值如图 5-42 所示。可以发现，在不同速度情况下，转矩与速度比值 k_s 很接近，即阻力矩与转速确实成正比关系。求取 k_s 的平均值为

$$k_s = \frac{\sum\limits_{n=1}^{5} k_n}{5} = 0.001537 \tag{5-39}$$

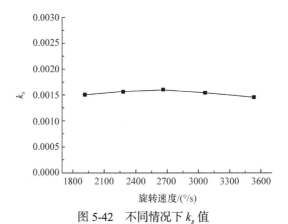

图 5-42　不同情况下 k_s 值

综上所述，动子旋转运动受到直线部分行波磁场带来的阻力矩。动子旋转运动受到的阻力矩与动子的旋转速度和行波磁场强度有关。在行波磁场强度不变的情况下，旋转运动受到的阻力矩 T_1 与动子旋转速度成正比，即

$$T_1 = k_s n \tag{5-40}$$

其中，n 为动子旋转速度。

旋转部分的输出电磁转矩需要修正为

$$T = T_e - T_1 = T_e - k_s n \tag{5-41}$$

由于旋转部分定子与直线部分定子结构类似，因此动子的直线运动同样会受到旋转磁场带来的阻力。直线动态耦合示意图如图 5-43 所示。

该阻力大小与直线运动的速度成正比的关系。因此，直线部分的输出电磁推力需要修正为

$$F = F_e - F_1 = F_e - k_l v_l \tag{5-42}$$

其中，k_l 为直线耦合系数，其值与旋转磁场磁感应强度有关；v_l 为动子直线速度。

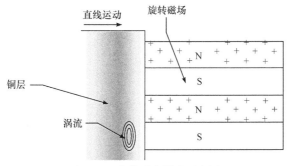

图 5-43　直线动态耦合示意图

采用计算 k_s 相同的仿真计算方法,可以计算出直线耦合系数 k_l=11.897。为验证旋转速度分量的引入对直线运动部分特性的影响,仿真设置直线运动部分定子绕组通入线电压 220V、50Hz 的三相交流电,并以轴向平移速度为 0.2m/s 的速度驱动。旋转运动部分定子绕组不通电且旋转速度为 0°/s、900°/s、2250°/s、4500°/s、9000°/s 的速度驱动时,仿真分析不同旋转速度对直线运动部分轴向推力的影响如图 5-44(a) 所示,不同旋转速度情况下稳态轴向推力平均值如图 5-44(b)所示。可见,随着旋转速度的增加,其对直线部分轴向推力的影响越来越大,推力的平均值越来越小。

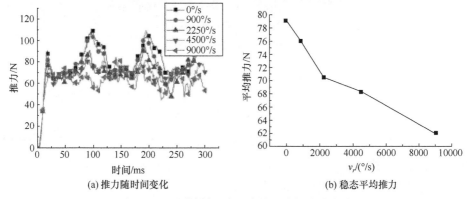

(a) 推力随时间变化   (b) 稳态平均推力

图 5-44 不同旋转速度对直线运动部分的影响

类似地,为验证直线速度分量的引入对旋转运动部分的影响,设置旋转部分定子绕组接通线电压 220V、50Hz 的三相交流电,并以旋转速度为 225°/s 的速度驱动。直线运动部分定子绕组不通电且轴向平移速度为 0m/s、0.4m/s、0.8m/s、1m/s 的速度驱动时,仿真分析不同轴向平移速度对旋转运动部分转矩的影响。不同轴向平移速度对旋转运动部分特性的影响如图 5-45 所示。

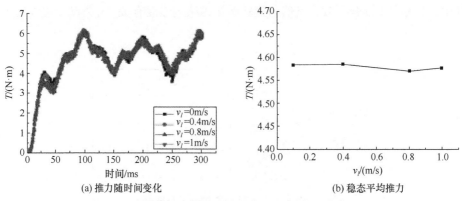

(a) 推力随时间变化   (b) 稳态平均推力

图 5-45 不同轴向平移速度对旋转运动部分特性的影响

随着轴向平移速度的增加，其对旋转运动部分转矩的影响并不大，转矩变化也很小。这是轴向运动速度相对于旋转运动速度太小且转差率太小的原因。根据式(5-24)可得，$\Delta F_x \propto (s*V_z/V_x)^2$、$\Delta F_z \propto (s*V_z/V_x)^2$。因此，直线运动对旋转运动的耦合影响会在直线运动速度 V_z 很大时才表现得很明显。当 V_z 相对于 V_x 很小时，A_{2x}、A_{2y}、E_{2x}、E_{2y} 等近似为 0，此时运动耦合影响可以忽略不计。

5.5　耦合效应影响因素分析

5.2 节和 5.4 节分别对不同供电频率下，直线运动对旋转部分、旋转运动对直线部分产生的磁耦合效应展开研究。可以发现，两种情况下静止自由度定子三相绕组内产生的感应电势、感应电流、动子上产生的感应力矩具有相似的存在形式，并且与电机定子绕组的结构有关。通过解析和 FEM 分析可以得出，随着运动自由度供电频率的增加，静止自由度定子内产生的感应电势、感应电流逐渐增大，动子产生的感应力矩波动幅值也逐渐增大，即静态耦合效应逐渐增强。除了定子绕组结构和运动自由度供电频率外，电机的气隙厚度、铜层厚度也会对磁耦合效应产生一定的影响。本节以直线运动对旋转部分产生的磁耦合效应为例，分析气隙厚度及铜层厚度对磁耦合效应的影响。

5.5.1　气隙厚度对耦合效应的影响

直线运动对旋转部分产生的磁耦合效应影响除包括端部绕组在旋转定子中产生的直接影响外，还包括通过气隙及动子对旋转定子产生的间接耦合效应。保持电机模型其他参数不变，仅改变气隙厚度，当仅有直线运动弧形定子通电时，观察磁耦合效应在旋转运动弧形定子中产生旋转感应电流及感应转矩。图 5-46、表 5-20、

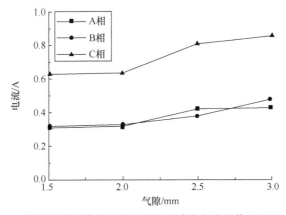

图 5-46　不同气隙下旋转运动弧形定子感应电流幅值(LS50Hz,s=1)

表 5-20　旋转运动弧形定子感应电流幅值大小(LS50Hz, $s=1$)

气隙/mm	绝对值幅值/A			幅值差 ΔI/A	
	A 相	B 相	C 相	$|I_A-I_B|$	$|I_A-I_C|$
1.5	0.31	0.32	0.63	0.01	0.32
2	0.32	0.33	0.64	0.01	0.33
2.5	0.42	0.38	0.81	0.04	0.39
3	0.43	0.48	0.86	0.05	0.43

表 5-21 为不同气隙厚度下，电机施加 LS50Hz 激励时，旋转运动弧形定子内三相感应电流的幅值大小及相位。图 5-47、表 5-22 为静态耦合效应在动子上产生的感应转矩。

表 5-21　旋转运动弧形定子感应电流相位大小(LS50Hz, $s=1$)

气隙/mm	相位 φ/(°)			相位差 $\Delta\varphi$/(°)	
	A 相	B 相	C 相	$|\varphi_A-\varphi_B|$	$|\varphi_A-\varphi_C|$
1.5	19.74	18.70	201.42	1.04	181.68
2	218.16	217.81	37.99	0.35	180.17
2.5	236.33	230.76	53.73	5.57	182.6
3	237.89	229.33	53.22	8.56	184.67

表 5-22　动子感应转矩大小(LS50Hz, $s=1$)

参数	气隙			
	1.5mm	2mm	2.5mm	3mm
绝对值最大值/(N·m)	0.24	0.21	0.11	0.09

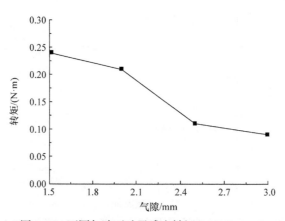

图 5-47　不同气隙下动子感应转矩(LS50Hz, $s=1$)

由图 5-46 和表 5-21 可以看出，随着气隙厚度的增大，直线运动产生的磁耦合效应逐渐增强，旋转运动弧形定子中的感应电流逐渐增大。这是因为气隙越大，直线运动弧形子产生的端部漏磁越多，其扩散到旋转运动弧形定子中的磁场增加。由图 5-47 和表 5-22 可以看出，动子感应转矩随着气隙的增大却逐渐减小。这是因为尽管气隙增大使磁耦合效应增强，但其磁路磁阻增大，使电机定子与动子之间耦合程度减小。由于磁路磁阻增大的速度远大于静态耦合效应增强的速度，动子上产生的感应转矩呈随气隙增大而减小的趋势。同时，由表 5-20 和表 5-21 可以看出，由于旋转运动弧形定子三相绕组结构的影响，其感应电流幅值仍近似满足 $2I_A=2I_B=I_C$，C 相相位角近似与 A 相相差 180°。

5.5.2　铜层厚度对耦合效应的影响

2DOF-DDIM 采用镀铜实心动子结构，铜层参数对电机性能有一定的影响。保持电机模型其他参数不变，仅改变铜层厚度，当仅有直线运动弧形定子通电时，磁耦合效应在旋转运动弧形定子中产生的旋转感应电流及感应转矩。图 5-48、表 5-23 和表 5-24 为不同铜层厚度下，电机施加 LS50Hz 激励时，旋转运动弧形定子内三相感应电流的幅值大小及相位。图 5-49 和表 5-25 为磁耦合效应在动子上产生的感应转矩。由图 5-48、图 5-49、表 5-23～表 5-25 可以看出，随着铜层厚度的增大，直线运动产生的磁耦合效应逐渐减弱，旋转运动弧形定子中的感应电流和动子感应转矩均逐渐减小。这是因为铜层导电性能良好，在一定范围内，其厚度的增加使直线感应磁场主磁通增加，漏磁通减小[39]，从而减弱对旋转运动弧形定子的磁耦合效应。其感应电流幅值仍近似满足 $2I_A=2I_B=I_C$，C 相相位角近似与 A 相相差 180°。

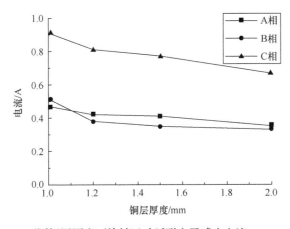

图 5-48　不同铜层厚度下旋转运动弧形定子感应电流(LS50Hz, s=1)

表 5-23　不同铜层厚度下旋转运动弧形定子感应电流大小(LS50Hz, s=1)

铜层/mm	绝对值幅值/A			幅值差 Δ*I*/A	
	A 相	B 相	C 相	$|I_A-I_B|$	$|I_A-I_C|$
1	0.47	0.51	0.91	0.02	0.44
1.2	0.42	0.38	0.81	0.04	0.39
1.5	0.41	0.35	0.77	0.06	0.36
2	0.35	0.33	0.67	0.02	0.32

表 5-24　不同铜层厚度下旋转运动弧形定子感应电流相位大小(LS50Hz, s=1)

铜层/mm	相位 *φ*/(°)			相位差 Δ*φ*/(°)	
	A 相	B 相	C 相	$|\varphi_A-\varphi_B|$	$|\varphi_A-\varphi_C|$
1	48..81	55.80	230.19	6.99	181.38
1.2	236.33	230.76	53.73	5.57	182.6
1.5	216.28	219.05	42.38	2.77	173.9
2	34.71	36.50	215.57	1.79	180.86

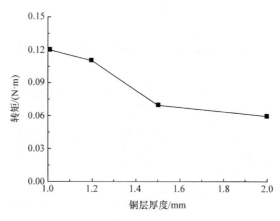

图 5-49　不同铜层厚度下动子感应转矩(LS50Hz, s=1)

表 5-25　不同铜层厚度下动子感应转矩大小(LS50Hz, s=1)

参数	铜层			
	1mm	1.2mm	1.5mm	2mm
绝对值最大值/(N·m)	0.12	0.11	0.07	0.06

5.6　抑制耦合效应的设计方法

　　2DOF-DDIM 可以应用斜槽设计的方法弱化阻力和阻力矩，改善电机螺旋运动的性能。斜绕组的 2DOF-DDIM 如图 5-50 所示。以 300r/min 的转速为例，图 5-51和图 5-52 所示为螺旋运动时转矩和推力的计算结果。其中，H_skewed 槽和 H_normal 槽分别表示带有斜槽和普通槽 2DOF-DDIM 产生的螺旋运动，R_normal

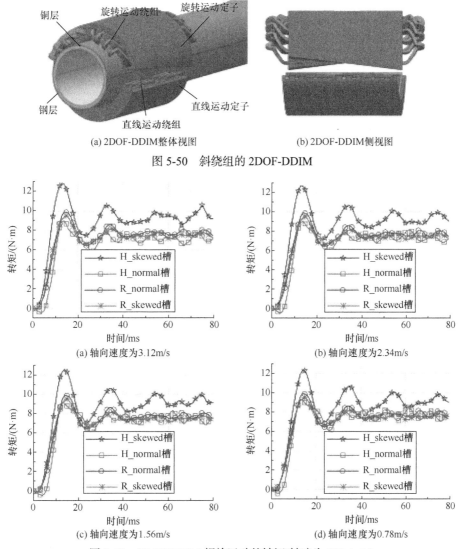

(a) 2DOF-DDIM 整体视图　　　　　　　　　　(b) 2DOF-DDIM 侧视图

图 5-50　斜绕组的 2DOF-DDIM

(a) 轴向速度为 3.12m/s　　　　　　　　　　(b) 轴向速度为 2.34m/s

(c) 轴向速度为 1.56m/s　　　　　　　　　　(d) 轴向速度为 0.78m/s

图 5-51　2DOF-DDIM 螺旋运动的转矩(转速为 300r/min)

槽(L_normal 槽)和 R_skewed 槽(L_skewed 槽)分别表示普通槽和斜槽 2DOF-DDIM 产生的旋转运动(直线运动)。

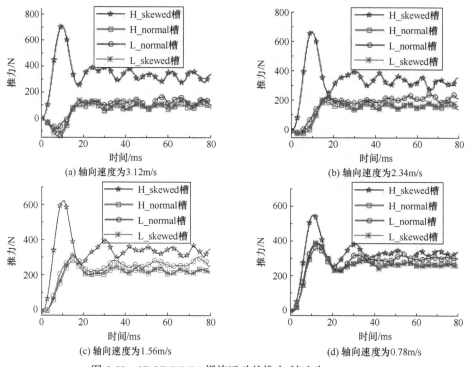

图 5-52　2DOF-DDIM 螺旋运动的推力(转速为 300r/mim)

可以发现，产生螺旋运动的斜槽式 2DOF-DDIM(H_skewed 槽)的输出转矩比旋转运动的斜槽式 2DOF-DDIM(R_skewed 槽)的输出转矩高。此外，它也分别大于产生螺旋运动(H_normal 槽)和旋转运动(R_normal 槽)的普通槽 2DOF-DDIM 的输出转矩。如图 5-51(a)所示，直线速度为 3.12m/s 时，H_skewed 槽的转矩为 9.46N·m，它分别是 R_skewed 槽、H_normal 槽和 R_normal 槽转矩的 1.26、1.22 和 1.32 倍。

类似地，如图 5-52 所示，与产生直线运动的斜槽和普通定子槽相比，产生螺旋运动的斜槽 2DOF-DDIM(H_skewed 槽)的输出力也得到了改善。例如，H_skewed 槽在直线速度为 3.12m/s 时的输出力为 324.62N，是 L_skewed 槽、H_normal 槽和 L_normal 槽的 2.8、3.51 和 2.5 倍。

因此，通过斜槽设计可以有效地补偿两个运动之间的阻力矩，改善螺旋运动的性能。但是，斜向绕组的控制系统将比普通绕组的控制系统复杂。特别是，对于实现单自由度旋转或直线运动，该斜槽设计的 2DOF-DDIM 将在以后的工作中进行研究和开发。

5.7　样机实验验证

　　为了验证 2DOF-DDIM 旋转部分有限元耦合模型仿真结果的正确性，我们搭建了耦合样机测试平台。2DOF-DDIM 耦合样机测试平台及测试仪器如图 5-53 所示。

(a) 耦合样机测试平台

(b) 定子绕组

(c) 耦合线圈

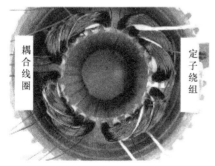

(d) 耦合样机绕组分布

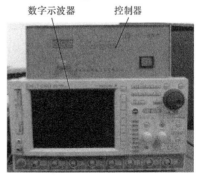

(e) 控制与测试仪器

图 5-53　2DOF-DDIM 耦合样机测试平台及测试仪器

　　本章从理论分析与三维有限元计算两个方面分析 2DOF-DDIM 磁耦合效应的存在与特性。为利用实验验证 2DOF-DDIM 磁耦合效应的存在，测试中旋转和直线运动两部分的定子绕组分别由两个独立的变频控制电源供电，旋转运动通过旋转编码器进行检测反馈；直线运动通过光栅尺和限位开关进行位置信号检测和反馈；旋转运动和直线运动由共用的运动控制器进行控制。

　　为验证直线运动部分耦合效应对旋转运动部分的影响，在恒压频比条件下进行样机实验验证。旋转运动部分通以三相对称交流电压源(133V、30Hz)，在 $t=t_0$ 时刻，给直线运动部分定子绕组通以三相对称交流电压源(90V、20Hz)。旋转运动部分的转速变化如图 5-54 所示。可见，当直线运动部分通电，动子做螺旋运动时，受耦合效应的影响，旋转运动部分的速度明显下降。这也验证了 FEM 仿真结果的正确性。此外，实验还测试了在直线部分堵转的条件下(v_l=0m/s，v_r=0r/min)，2DOF-DDIM 直线部分通入不同频率(10~50Hz)的三相交流电时，旋转部分由磁耦合效应产生的三相感应电压。实验与有限元计算所得直线部分感应电压如图 5-55 所示。可见，实验测得旋转部分三相感应电压有效值与三维有限元的仿真结果基本相同，它们随电源频率的变化趋势也是一致的，最大误差为 9.8%，验证了 2DOF-DDIM 静态磁耦合效应的存在与三维有限元模型的正确性。

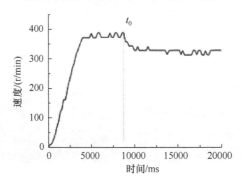

图 5-54　旋转运动部分的转速变化

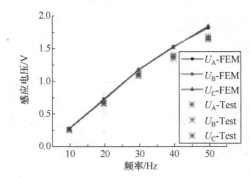

图 5-55　实验与有限元计算所得直线部分感应电压

控制器可以通过控制输入电流调节涡流制动器的负载。然后,测量感应电压随速度的变化。耦合模型结果如图 5-56 所示。可以发现,在测试绕组线圈 1 至线圈 6 中产生了感应电压。可以看出,实验结果与有限元结果一致。因此,在旋转运动部分中,产生的电枢反作用磁场会影响直线运动部分。

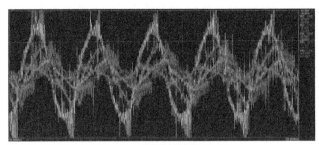

(a) 感应电压波形

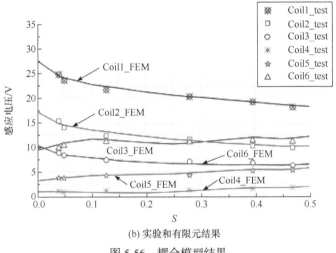

(b) 实验和有限元结果

图 5-56　耦合模型结果

5.8　本 章 小 结

针对 2DOF-DDIM 的复杂结构和多运动形式,本章采用简化分析的等效平板模型,并依据 Maxwell 方程组建立三维运动耦合分析模型,建立相应的三维有限元参数化模型进行仿真分析。

① 对于定子有限长引起的端部效应,主要是旋转运动部分(工作于工频 50Hz 情况下)纵向端部效应对直线运动部分的影响,但两部分定子间的空间距离足以隔离端部效应影响。直线运动部分的纵向端部效应对旋转运动部分性能的影响更小。

② 旋转部分对直线部分和直线部分对旋转部分的感应耦合都是由磁场扩散

引起的。感应耦合的影响程度与电源的频率有关。随着电源频率的增大，感应耦合的程度也会增大。感应耦合产生的电磁推力和电磁转矩是波动的，幅值较小且没有规律性。

③ 对于旋转磁场与轴向行波磁场之间的耦合影响，主要表现为直线部分对旋转运动部分的影响，即 2DOF-DDIM 做螺旋运动时，旋转运动部分力能参数比在相同条件下做单自由度运动时的性能要有所削弱。

④ 对于旋转运动与直线运动之间的运动耦合影响，由于电机主要工作于高速旋转低速行进的螺旋运动，因此运动耦合影响主要表现为旋转运动对直线运动部分力能参数的削弱。

⑤ 通过倾斜定子槽的结构设计可以有效地补偿两个方向运动之间的阻力和阻力矩，从而改善螺旋运动的性能。但是，斜绕组的控制系统比普通绕组的控制系统复杂。特别是，对于实现单自由度旋转运动或直线运动的情况，这种结构的 2DOF-DDIM 亟待研究和开发。

⑥ 实验证明，2DOF-DDIM 磁耦合效应的存在，以及本章三维有限元计算结果的正确性。

第 6 章　两自由度直驱感应电机优化设计

对于 2DOF-DDIM 来说，改善其运行性能的措施有以下几种[85,86]。

① 定子采用极相槽数为整数的绕组。

② 采用大气隙，一般比常规电机要大 50%～100%。

③ 选用合适的转子结构和材料，可采用复合结构。

④ 在转子上开环形沟槽增大表面的等效电阻，减小谐波引起的涡流。

本章主要研究转子结构和材料选用、气隙厚度、导电层厚度对电机性能的影响。以气隙厚度、转子材料及导电层厚度等作为研究变量，利用有限元计算研究影响 2DOF-DDIM 性能的因素。由于设计过程中直线运动部分的参数基本是根据旋转部分确定的，本章通过有限元计算对影响旋转运动部分性能的重要参数进行分析和优化。

6.1　气隙厚度对电机性能的影响

以旋转运动部分的有限元模型为基础，以气隙厚度为变量，变化范围为 0.5～5mm，变化间隔为 0.5mm，并且保持电机的其他参数均不变，负载转矩设置为 6N·m。稳定运行状态下，转速曲线、不同气隙厚度转速平均值、不同气隙厚度转速波动如图 6-1～图 6-3 所示。相关数据汇总于表 6-1 中。

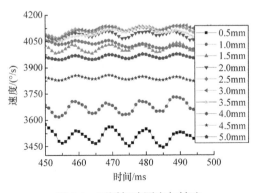

图 6-1　不同气隙厚度与转速

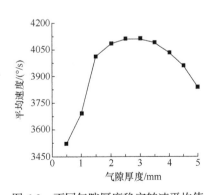

图 6-2　不同气隙厚度稳定转速平均值

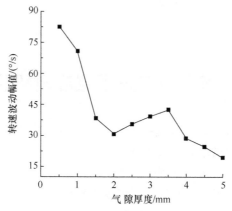

图 6-3　不同气隙厚度稳定转速波动幅值

表 6-1　不同气隙厚度稳定转速平均值及波动幅值

气隙厚度/mm	转速平均值/(°/s)	波动幅值/(°/s)
0.5	3613.25	±82.33
1.0	3787.62	±70.93
1.5	4118.73	±38.35
2.0	4190.13	±30.86
2.5	4220.2	±35.52
3.0	4220.26	±39.29
3.5	4197.58	±42.71
4.0	4138.54	±28.76
4.5	4062.6	±24.74
5.0	3937.89	±19.52

　　由图 6-1 和图 6-2 可见，气隙厚度在 2.5～3.0mm 时稳态转速值较大。由图 6-3 可见，转速波动随气隙厚度的增大而减小，气隙厚度为 3mm 时转速波动范围已经相对较小。电磁转矩、电磁转矩波动幅值随气隙厚度的变化如图 6-4 和图 6-5 所示。相关数据汇总于表 6-2 中。转子总损耗随气隙厚度变化的规律如图 6-6 所示。相关数据汇总于表 6-3。由图 6-4 和图 6-5 可见，电磁转矩波动随气隙的增大总体呈下降趋势。由图 6-6 可见，转子总损耗随气隙的增大也呈下降趋势。综上所述，虽然稳定转速、转速波动、电磁转矩波动、转子总损耗并不能在同一气隙厚度下达到各自的最优值，但当气隙厚度为 3mm 时，稳态转速最大。电机在带相同负载时，稳态转速较高说明机械特性硬度较大，其他三项指标在气隙厚度为 3mm 时已处于较低水平，综合考虑将气隙厚度定为 3mm。

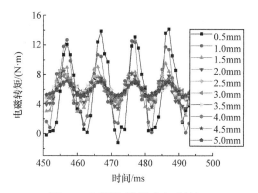

图 6-4　不同气隙厚度电磁转矩

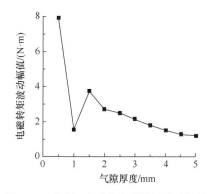

图 6-5　不同气隙厚度电磁转矩波动幅值

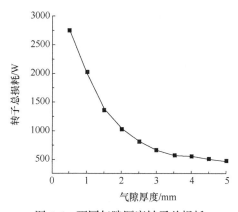

图 6-6　不同气隙厚度转子总损耗

表 6-2　不同气隙厚度电磁转矩波动幅值

气隙厚度/mm	波动幅值/(N·m)
0.5	±7.91
1.0	±1.59
1.5	±3.67
2.0	±2.69
2.5	±2.47
3.0	±2.13
3.5	±1.78
4.0	±1.48
4.5	±1.26
5.0	±1.17

表 6-3　不同气隙厚度转子总损耗

气隙厚度/mm	损耗功率/W
0.5	2742.05
1.0	2009.00
1.5	1359.64
2.0	1024.68
2.5	805.43
3.0	657.14
3.5	560.01
4.0	545.16
4.5	499.86
5.0	466.76

6.2　转子结构对电机性能的影响

复合转子结构由钢实心转子结构演化而来。其由两层结构构成，外层是导电材料圆筒，内层是一个由电工硅钢片叠压制成的圆柱结构，外层导电材料圆筒的厚度近似为类似规格普通笼形感应电机的转子槽的高度。导电层材料可以使用单一材料，也可以使用两种材料的组合。采用两种外层导电材料组合的复合转子结构如图 6-7 所示。按导磁性来分，外层导电材料可分为铁磁性导电材料(如 20 号钢)和非铁磁性导电材料(如铜、铝)。

图 6-7　复合转子结构

气隙厚度设置为 3mm，转子应用不同复合材料，导电层总厚度为 2mm，在使用两种材料的情况下，每种材料厚度为 1mm。在这种设置下进行仿真，并与原始结构电机特性进行对比，稳定运行状态下不同转子材料稳定转速、不同转子材料稳定转速平均值、不同转子材料稳定转速波动幅值如图 6-8～图 6-10 所示。相关数据汇总于表 6-4。

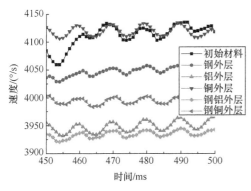

图 6-8 不同转子材料稳定转速

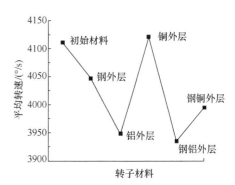

图 6-9 不同转子材料稳定转速平均值

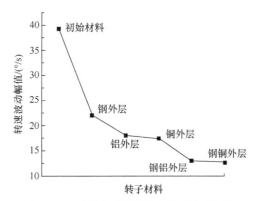

图 6-10 不同转子材料稳定转速波动幅值

表 6-4 不同转子材料稳定转速平均值及波动幅值

转子材料	转速平均值/(°/s)	波动幅值/(°/s)
初始材料	4111.02	±39.29
钢外层	4047.16	±22.03
铝外层	3948.01	±18.08
铜外层	4119.30	±17.45
钢铝外层	3933.93	±13.15
钢铜外层	3995.30	±12.67

　　稳定运行状态下不同转子材料电磁转矩、不同转子材料电磁转矩波动幅值如图 6-11、图 6-12 所示。相关数据汇总于表 6-5。

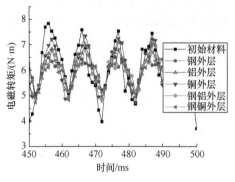

图 6-11　不同转子材料电磁转矩　　　　图 6-12　不同转子材料电磁转矩波动幅值

表 6-5　不同转子材料电磁转矩波动幅值

转子材料	波动幅值/(N·m)
初始材料	±2.07
钢外层	±1.01
铝外层	±1.06
铜外层	±1.30
钢铝外层	±1.09
钢铜外层	±1.14

　　稳定运行状态下，不同转子材料的转子总损耗如图 6-13 所示。相关数据汇总于表 6-6。

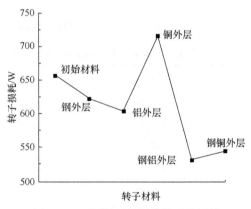

图 6-13　不同转子材料的转子总损耗

表 6-6　不同转子材料转子总损耗

转子材料	损耗功率/W
初始材料	657.14
钢外层	622.82
铝外层	603.35
铜外层	716.17
钢铝外层	530.76
钢铜外层	545.45

由此可见，虽然在使用钢-铜复合导电层材料时稳定转速并非最大，但是在转速波动、电磁转矩波动、转子损耗三方面均达到最低或较低水平，所以综合考虑将钢-铜复合材料定为最佳导电层材料。

6.3　导电层厚度对电机性能的影响

仿真时将气隙设置为 3mm，转子采用钢-铜复合导电材料，导电层厚度变化范围为 1～5mm，间隔为 0.5mm，其他参数属性均不变。不同导电层厚度稳定转速、不同导电层厚度稳定转速平均值、不同导电层厚度转速波动幅值如图 6-14、图 6-15、图 6-16 所示。相关数据汇总于表 6-7。

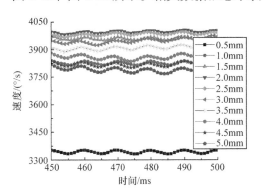

图 6-14　不同导电层厚度稳定转速

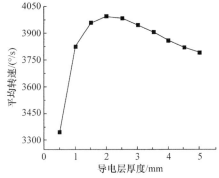

图 6-15　不同导电层厚度稳定转速平均值

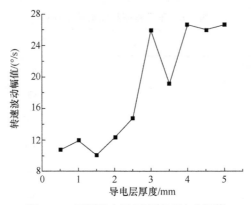

图 6-16　不同导电层厚度转速波动幅值

表 6-7　不同导电层厚度转速平均值及波动幅值

导电层厚/mm	转速平均值/(°/s)	波动幅值/(°/s)
0.5	3343.76	±10.77
1.0	3825.14	±11.95
1.5	3959.00	±10.08
2.0	3993.81	±12.31
2.5	3981.73	±14.79
3.0	3942.52	±25.91
3.5	3904.44	±19.23
4.0	3856.15	±26.68
4.5	3817.11	±25.97
5.0	3817.11	±26.64

　　不同导电层厚度电磁转矩和转矩波动幅值如图 6-17 和图 6-18 所示。相关数据汇总于表 6-8。由此可见，在钢-铜复合结构导电层厚度为 2mm 时，稳态转速最大，转速波动幅值、转矩波动幅值、转子总损耗也处于较低水平，所以综合考虑取 2mm 为导电层最佳厚度。

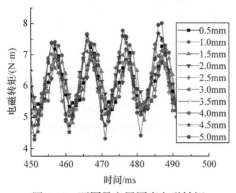

图 6-17　不同导电层厚度电磁转矩

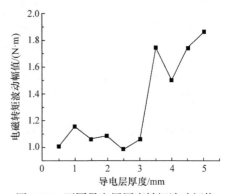

图 6-18　不同导电层厚度转矩波动幅值

表 6-8　不同导电层厚度转矩波动幅值

导电层厚/mm	波动幅值/(N·m)
0.5	±1.01
1.0	±1.16
1.5	±1.06
2.0	±1.09
2.5	±0.98
3.0	±1.06
3.5	±1.75
4.0	±1.50
4.5	±1.75
5.0	±1.86

不同导电层厚度转子总损耗如图 6-19 所示。相关数据汇总于表 6-9 中。

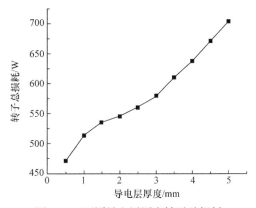

图 6-19　不同导电层厚度转子总损耗

表 6-9　不同导电层厚度转子总损耗

导电层厚/mm	损耗功率/W
0.5	472.02
1.0	514.29
1.5	535.53
2.0	545.40
2.5	560.43
3.0	578.63
3.5	612.03
4.0	638.84
4.5	671.89
5.0	703.49

6.4　新型中空动子结构参数优化及性能分析

由于该电机的转子部分由钢-铜复合材料层、硅钢层、中心轴三部分组成，其质量相当大，钢-铜复合次级材料的转子的质量达到 7.9kg。支承轴的半径达到 30mm，导致相当部分的电能损耗到转子上。由于转子质量过大，因此影响电机拖动负载的能力，降低其动态响应速度。为了解决该问题，如果转子中心轴变成空心的，转子的质量将大大降低，机械特性也会变硬。由 6.2 节可知，如果钢-铜复合材料用作转子次级材料，电机可以表现出更优异的性能。由于需要钢层与铜层均为 1mm，它们的加工工艺相当复杂。除此之外，过薄的钢层和铜层还会使电机的可靠性降低，不利于该电机的批量生产和应用。因此，电机的转子次级材料设定为单种材料 2mm，同时用 A3 钢替换原有的硅钢材料。由于磁场渗透的深度很浅，因此将 A3 钢层设为 4mm，气隙暂定为 3mm。本书以做旋转运动的定子部分及相应的耦合转子为例进行分析。图 6-20～图 6-22 所示为该电机旋转运动部分转子的有限元模型、结构图和磁场分布图。

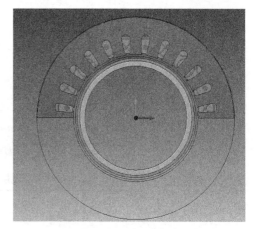

图 6-20　电机旋转运动部分的有限元模型　　　　图 6-21　电机旋转运动部分的结构图

6.4.1　转子次级材料确定

对该电机在空载与额定负载下进行有限元仿真。不同材料转速波动曲线如图 6-23 和图 6-24 所示。不同转子材料损耗曲线如图 6-25 和图 6-26 所示。相关数据总结于表 6-10～表 6-13。

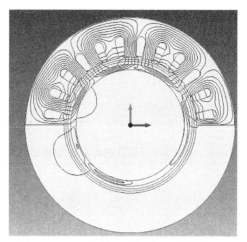

图 6-22　电机旋转运动部分的磁场分布图

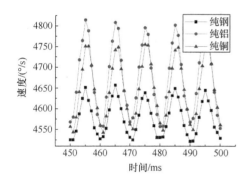

图 6-23　不同材料转速波动曲线(空载)

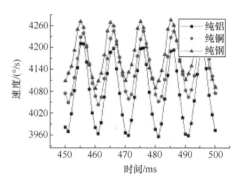

图 6-24　不同材料转速波动曲线(额定负载)

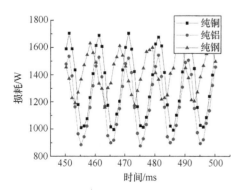

图 6-25　不同转子材料损耗曲线(空载)

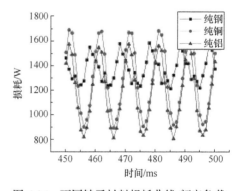

图 6-26　不同转子材料损耗曲线(额定负载)

表 6-10　不同转子材料转速波动数据(空载)

材料	转速波动/(r/min)
钢	762±13.31
铝	778±23.48
铜	774±18.12

表 6-11　不同转子材料转速波动数据(额定负载)

材料	转速波动/(r/min)
钢	697±16.05
铝	679±22.84
铜	690±17.31

表 6-12　不同转子材料损耗平均值(空载)

材料	损耗/W
钢	1412
铝	1189
铜	1332

表 6-13　不同转子材料损耗平均值(额定负载)

材料	损耗/W
钢	1374
铝	1176
铜	1291

　　由图 6-23 和表 6-10 可知，在电机空载的情况下，铝作为次级材料时的速度最大，同时速度波动最大。铜作为次级材料时的速度波动次之，钢的空载速度最小，但同时转速波动最小。由图 6-24 和表 6-11 可知，在电机带额定负载的情况下，钢作为次级材料时的速度最大，波动最小；铜作为次级材料时的速度次之，铝的额定负载速度最小，转速波动最大。

　　由图 6-25、图 6-26、表 6-12、表 6-13 可知，不论是在空载还是额定负载情况下，钢作为次级材料的损耗最大，铜作为次级材料的损耗次之，铝作为次级材料的损耗最小。为进一步确定转子次级材料，进行相同转差率情况下的输出转矩求取，确定最优的转子次级材料。相同转差率的输出转矩如图 6-27 所示。

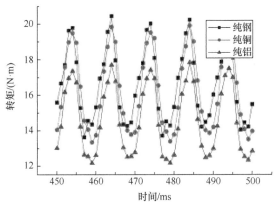

图 6-27　相同转差率的输出转矩

　　综上所述，考虑转速大小及波动、损耗和输出转矩三个方面的因素，铜作为转子次级材料时电机的运动性能最好，转速相对较好，损耗相对较小；在相同转差率的情况下，输出转矩最大。

6.4.2　中空动子气隙确定

　　由于电机的转子变为中空结构，以前确定的气隙不一定适合新的电机，因此本节建立该电机气隙从 1~4mm 厚度，以 0.5mm 间隔渐变的二维有限元模型进行不同气隙情况下的电机空载仿真和负载仿真。不同气隙转速波动曲线如图 6-28 和图 6-29 所示。相关数据总结于表 6-14 和表 6-15。可以发现，在空载情况下，转速逐渐增加，转速波动却逐渐减小。这是因为当转速增大时，运动轴的转动势能变大，转速波动自然而然地变小。在额定负载情况下，到达 2.5mm 之前，随着气隙的增大，转速逐渐增大；达到 2.5mm 之后，随着气隙的增大，转速波动逐渐减小。这是因为在电机气隙厚度超过 2.5mm 后，有效磁通变小。

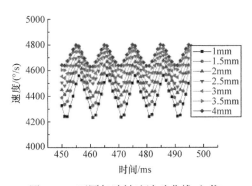

图 6-28　不同气隙转速波动曲线(空载)

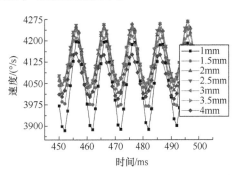

图 6-29　不同气隙转速波动曲线(额定负载)

表 6-14   不同气隙转速波动数据(空载)

气隙/mm	转速波动/(r/min)
1	733±28.46
1.5	746±26.67
2	756±23.70
2.5	766±20.57
3	774±18.12
3.5	780±16.66
4	786±15.08

表 6-15   不同气隙转速波动数据(额定负载)

气隙/mm	转速波动/(r/min)
1	675±27.09
1.5	684±23.74
2	689±22.35
2.5	692±20.26
3	690±17.31
3.5	687±15.67
4	679±13.80

在不同气隙情况下的电机空载仿真和负载仿真中，不同气隙转子损耗曲线如图 6-30 和图 6-31 所示。相关数据总结于表 6-16 和表 6-17。

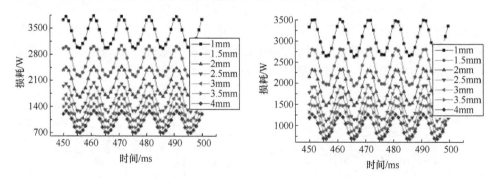

图 6-30   不同气隙转子损耗曲线(空载)　　　图 6-31   不同气隙转子损耗曲线(额定负载)

表 6-16   不同气隙转子损耗平均值(空载)

气隙/mm	损耗/W
1	3354
1.5	2582

续表

气隙/mm	损耗/W
2	2035
2.5	1616
3	1332
3.5	1126
4	965

表 6-17 不同气隙转子损耗平均值(额定负载)

气隙/mm	损耗/W
1	3074
1.5	2383
2	1904
2.5	1533
3	1291
3.5	1119
4	965

由此可见，随着气隙的增大，损耗逐渐变小。为了确定最优的电机气隙，对不同气隙的电机模型进行相同转差率下的仿真，观察输出转矩的大小。相同转差率输出转矩曲线如图 6-32 所示。可以看出，转矩的输出值随着气隙的增大逐渐减小，但是波动程度也在逐渐减小，气隙厚度为 3mm 时为一个对于转矩大小和波动都适中的选择。

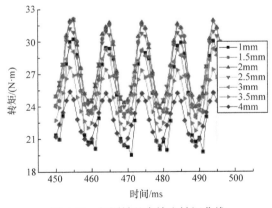

图 6-32 相同转差率输出转矩曲线

综上所述，考虑转速大小及波动、损耗、相同转速下的输出转矩三个方面的因素，3mm 是较为理想的弧形直线感应电机气隙厚度。

6.4.3　钢层厚度的确定

确定了转子材料和气隙，还要对铜层的厚度与钢层的厚度进行确定。在确保转子整体厚度不变的前提下，将钢层从 1～5.5mm 厚度，以 0.5mm 渐变，建立相应的二维有限元仿真模型。对电机进行空载及负载情况下的仿真，不同钢层厚度的转速波动如图 6-33 和图 6-34 所示。相关数据总结于表 6-18 和表 6-19。

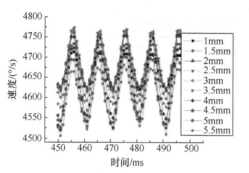
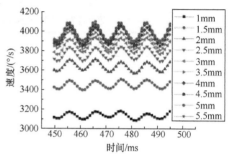

图 6-33　不同钢层厚度的转速波动曲线(空载)　　图 6-34　不同钢层厚度的转速波动曲线(负载)

表 6-18　不同钢层厚度的转速波动(空载)

钢层厚度/mm	转速/(°/s)
1	777±8.13
1.5	780±9.50
2	782±11.93
2.5	781±13.86
3	780±15.34
3.5	777±16.82
4	774±18.13
4.5	771±17.71
5	768±15.34
5.5	766±15.24

表 6-19　不同钢层厚度的转速波动平均值(负载)

钢层厚度/mm	转速/(°/s)
1	522±9.33
1.5	575±9.58
2	606±12.55

钢层厚度/mm	转速/(°/s)
2.5	627±13.20
3	641±14.70
3.5	650±16.76
4	657±17.67
4.5	662±18.48
5	664±18.88
5.5	665±17.20

　　由此可知，在空载的情况下，随着钢层的厚度增加，转速先上升后下降；在额定负载的情况下，随着钢层的厚度增加，转速逐渐增加。

　　不同钢层厚度空载和带负载的损耗曲线如图 6-35 和图 6-36 所示。相关数据总结于表 6-20 和表 6-21。不同钢层厚度对应的输出转矩如图 6-37 所示。由此可知，随着钢层厚度的增加，转子损耗呈现上升的趋势。不同钢层厚度的电机在相同转差率的情况下，输出转矩随着钢层厚度的增加而变大，并在 4mm 处接近稳定。综合考虑转速、损耗、钢铜材料的价格，以及机械硬度等，最终选定 4mm 钢层、2mm 铜层为最佳配比。

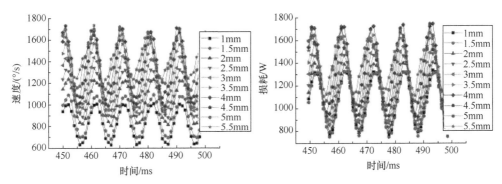

图 6-35　不同钢层厚度空载损耗曲线　　　　图 6-36　不同钢层厚度带负载损耗曲线

表 6-20　不同钢层厚度空载损耗平均值

钢层厚度/mm	损耗/W
1	828
1.5	895
2	1029
2.5	1104
3	1177

续表

钢层厚度/mm	损耗/W
3.5	1253
4	1332
4.5	1357
5	1420
5.5	1436

表 6-21　不同钢层厚度带负载损耗平均值

钢层厚度/mm	损耗/W
1	1064
1.5	1048
2	1109
2.5	1147
3	1194
3.5	1251
4	1312
4.5	1333
5	1376
5.5	1405

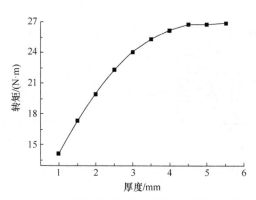

图 6-37　不同钢层厚度输出转矩(相同转差率)

6.5　新型开槽铸铜动子结构参数优化及性能分析

6.5.1　新型动子结构原理

采用实心动子的 2DOF-DDIM 类似于传统的实心转子感应电机，存在力能指标低、动子损耗大、机械特性软、效率低等缺点，会严重影响 2DOF-DDIM 的推广与应用。在传统单自由度实心转子感应电机的研究中，通常通过设计转子结构，如光滑实心转子表面覆铜、开槽或开槽铸良性导电体、加铜端环，以及复合型转子等，改变气隙磁场分布，降低转子表面涡流来降低转子损耗，改善实心转子异步电机电磁特性[91]。

　　目前，国内外学者尚未就动子结构对 2DOF-DDIM 性能的影响做出系统的研究。传统的实心转子设计方法能否适用于两自由度电机尚无定论，因此 2DOF-DDIM 动子拓扑结构设计及特性分析的研究具有一定的前瞻性与重要的研究价值。本章首先提出一种适用于 2DOF-DDIM 的新型 SCCM 结构，在光滑实心定子轴向与周向同时开细槽，槽内铸良性导电体，通过动子齿槽材料电导率与磁导率的不同，改善动子磁场与涡流场的分布，达到改善电机性能的目的，同时为 2DOF-DDIM 的优化设计开拓新的研究方向。

　　2DOF-DDIM 采用光滑实心动子表面覆铜层结构提高电机出力。由于铜磁导率与空气相同，会间接提高电机的电磁气隙，但是损耗严重、效率低等缺点依然存在。为了改善 2DOF-DDIM 性能，我们提出一种适用于两自由度运动的 SCCM 结构，在软磁材料制成的光滑实心动子表面轴向与周向同时开槽，改善电机磁场回路；槽内铸铜，改善动子涡流回路。SCCM 拓扑结构如图 6-38 所示。

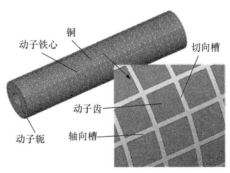

图 6-38　SCCM 拓扑结构

　　由于动子齿与轭的磁导率大于动子槽的磁导率，而电导率小于动子槽的电导率，因此电机主磁场将穿过动子齿部与动子轭部形成磁场回路，动子涡流将集中于槽内良性导电体，形成涡流回路。SCCM 如果能够同时满足旋转与直线单自由度运动的要求，就能满足螺旋运动的要求。2DOF-DDIM 旋转部分电枢通电时，产生旋转运动磁场；直线部分电枢通电时，产生直线运动磁场，且旋转磁场运动方向与直线磁场运动方向在空间正交分布。这里对 2DOF-DDIM 旋转运动磁场与直线运动磁场作如下假设。

　　① 2DOF-DDIM 所有场量均随时间正弦变化。

② 旋转运动磁场沿轴向均匀分布，直线运动磁场沿周向均匀分布。

③ 忽略定子铁芯开断产生的端部磁场对动子的影响。

根据 2DOF-DDIM 工作原理,可以将旋转部分磁场与直线部分磁场单独分析。在气隙磁场作用下，SCCM 涡流与气隙磁场分布模型如图 6-39 所示。

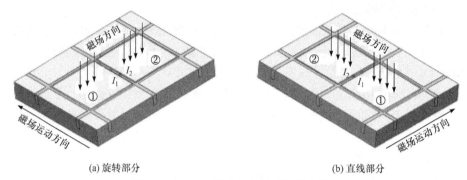

(a) 旋转部分　　　　　　　　　　　　　　　　　(b) 直线部分

图 6-39　SCCM 涡流与气隙磁场分布模型

由于动子齿与轭的磁导率大于动子槽的磁导率，它们的电导率小于动子槽的电导率。当 2DOF-DDIM 旋转部分电枢绕组通电以后，在气隙中产生轴向均匀分布的旋转运动磁场 B_r。该磁场通过动子齿和动子轭形成磁通回路。由于旋转部分磁场 B_r 随时间正弦变化，因此环绕动子齿的槽中将产生感应电流,形成涡流回路。环绕一个动子齿四周的槽内感应电流可表示为

$$I = -\frac{1}{R}\int_s \frac{\partial B_r}{\partial t}\,\mathrm{d}S \tag{6-1}$$

其中，S 为齿与磁场的交界面；t 为电源周期；R 为一个齿周围槽内导体总电阻。

根据前面的假设，旋转运动磁场沿轴向均匀分布，所以动子轴向相邻的齿 1 与齿 2 通过的磁场大小相等，方向相同。由于气隙磁场随时间正弦变化，即动子齿 1 与齿 2 通过的磁场变化周期相同。同时，动子所有齿的结构参数相等，材料相同，动子槽的结构参数相等，所有材料也相同。在旋转运动磁场的作用下，动子轴向相邻的齿 1 与齿 2 周围环绕槽内将产生大小相等，环流方向相同的环形涡流回路，如图 6-39(a)所示。齿 1 与齿 2 之间的周向槽内的感应电流大小相等，方向相反，即轴向相邻齿之间周向槽中不存在感应电流。在旋转运动磁场的作用下，动子槽内产生的感应电流将通过轴向槽，以及磁场端部附近的周向槽形成涡流回路，即旋转运动磁场与动子耦合区域内动子涡流仅有轴向涡流分量，不存在周向涡流分量。

根据电磁感应定律，在旋转运动磁场与动子轴向涡流分量的作用下会产生旋转转矩，驱动动子做旋转运动。旋转转矩可以表示为

$$T = r\int_L B_r I dl \tag{6-2}$$

同理，在直线运动磁场范围作用下，动子槽内产生的感应电流将通过周向槽，以及磁场端部附近的轴向槽形成涡流回路。在直线运动磁场与动子周向涡流分量的所用下，会产生直线推力，驱动动子做直线运动。

由此可知，SCCM 能够满足 2DOF-DDIM 旋转和直线运动的要求，因此在旋转运动磁场与直线运动磁场的共同作用下，能够同时产生旋转转矩与直线推力，驱动动子做螺旋运动。

6.5.2　三维有限元建模与验证

2DOF-DDIM 三维有限元模型如图 6-40 所示。基于此，可以初步分析 2DOF-DDIM 采用新型 SCCM 后的电机特性，对新型 SCCM 的两自由度运动进行验证。

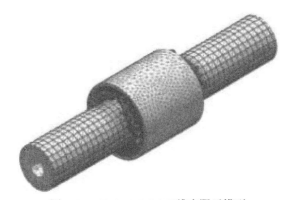

图 6-40　2DOF-DDIM 三维有限元模型

在动子堵转的条件下，为 2DOF-DDIM 旋转部分与直线部分都通入 220V、50Hz 的三相交流电，此时 SCCM 的三维磁场与涡流场分布如图 6-41 所示。由图 6-41(a)可知，气隙磁场通过 SCCM 齿与动子轭形成磁通回路，槽内几乎不存在磁场。由图 6-41(b)可知，在旋转运动磁场的作用下，SCCM 槽内产生的涡流集中于轴向槽内；在直线运动磁场的作用下，SCCM 槽内产生的涡流集中于周向槽内。旋转部分涡流在旋转运动磁场与动子耦合区域几乎不含周向分量，直线部分涡流在直线运动磁场与动子耦合区域几乎不含轴向分量。新型 SCCM 能够在旋转运动磁场与直线运动磁场的作用下建立相应的涡流场，产生相应的运动。此外，基于 SCCM 2DOF-DDIM 三维有限元模型，对电机的运动特性进行分析。当旋转部分负载 5N·m，直线部分负载 80N 时，给 2DOF-DDIM 旋转部分与直线部分定子绕组分别通入 220V、50Hz 的三相交流电，SCCM 2DOF-DDIM 运动特性如图 6-42 所示。

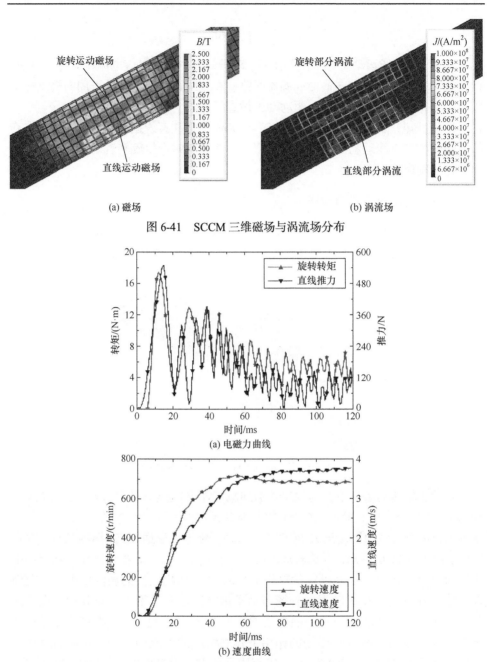

(a) 磁场　　　　　　　　　　　　　(b) 涡流场

图 6-41　SCCM 三维磁场与涡流场分布

(a) 电磁力曲线

(b) 速度曲线

图 6-42　SCCM 2DOF-DDIM 运动特性

　　由图 6-41 与图 6-42 可知，新型 SCCM 适用于 2DOF-DDIM，满足两自由度运动的需求，同时也验证了本节分析的正确性。

6.5.3　动子等效参数计算与有限元验证

由于 2DOF-DDIM 旋转部分与直线部分是分别单独供电的，因此旋转部分与直线部分可以看作两个弧形直线感应电机。其整体等值电路模型在不考虑旋转部分与直线部分磁场耦合与运动影响的条件下，可以看作旋转部分与直线部分等值电路的结合。所以，这里仅给出旋转部分 SCCM 等效参数的推导计算方法，直线部分的 SCCM 等效参数可以采用相似的方法求得。对于旋转部分 SCCM 等效参数的计算，可以将动子等效为图 6-43 所示的等效电路模型进行求解(图中 Z_A 和 Z_C 为转子轴向和周向每段铸铜导条的漏阻抗)，并做出如下假设。

① 忽略 2DOF-DDIM 旋转部分横向端部效应，气隙磁场沿轴向均匀分布。

② 定子绕组通入三相对称交流电，所有电磁量均视为正弦变化。

③ 忽略磁饱和、磁滞、肌肤效应等影响因素，同时忽略动子槽漏磁。

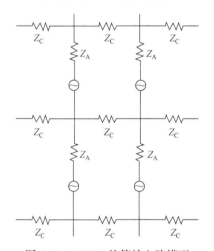

图 6-43　SCCM 的等效电路模型

当 2DOF-DDIM 做旋转运动时，与旋转部分定子相对的动子轴向槽导电体切割旋转运动磁场产生感生电势并形成感应电流，而周向槽导电体并不切割旋转运动磁场，所以周向槽中无感生电势与感应电流。当 2DOF-DDIM 做螺旋运动时，动子周向槽导电体直线运动切割旋转运动磁场，但是由于气隙磁场沿轴向正弦分布，相邻磁极下的周向槽导电体产生的感生电势大小相等方向相反，因此周向槽中同样没有感生电势与感应电流。对 2DOF-DDIM 旋转部分动子等效参数计算时，可以忽略周向槽的影响，动子电路可以简化为图 6-44 所示的简化等效电路模型。

如图 6-44 所示，由于忽略周向槽的影响，动子结构可以看作为笼型结构，可以采用笼型结构的分析计算方法计算旋转部分动子等效参数。由于动子轴向槽沿周向均匀分布，且气隙磁场以正弦规律变化，因此动子轴向槽内导电体上的感应电流幅值大小相等，相位互错 a_2 电角度，即

$$a_2 = \frac{p \times 360}{Q_2} \tag{6-3}$$

其中，p 为旋转部分极对数；Q_2 为动子侧有效轴向槽数。

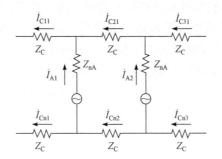

图 6-44　SCCM 简化等效电路模型

根据基尔霍夫电流定律和图 6-44 所示电路模型可知，轴向槽电流和端部周向槽电流之间存在的关系为 $\dot{I}_{A1} = \dot{I}_{C11} - \dot{I}_{C12}$，$\dot{I}_{A2} = \dot{I}_{C12} - \dot{I}_{C13}$，…，由此可得轴向槽导体电流和端部周向槽导体电流的向量图，如图 6-45 所示。

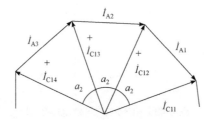

图 6-45　槽导体电流向量图

由图 6-45 可得，轴向槽中电流有效值 I_A 与周向槽中电流有效值 I_C 之间存在如下关系，即

$$I_A = 2I_C \sin\frac{a_2}{2} \tag{6-4}$$

对于笼型转子，每根轴向导条可看作一相。在计算转子阻抗时，可采用接成星形的阻抗代替接成多边形的端部阻抗。星形接法时转子的相电阻 R_2 可由损耗相等的原则求得，即

$$P_{\text{Cu(A+C)}} = I_A^2 R_{2A} + 2I_C^2 R_C = I_A^2 \left(R_{2A} + \frac{R_C}{2\sin^2 \dfrac{a_2}{2}} \right) = I_A^2 R_2 \tag{6-5}$$

其中，$R_{2A} = n_A R_A$ 为有效轴向槽导体的电阻之和；$P_{\text{Cu(A+C)}}$ 为多边形接法时，轴向导条和相应的端部周向导体中的铜耗。

采用星形接法时，动子的等效相电阻为

$$R_2 = \left(R_{2A} + \frac{R_C}{2\sin^2 \dfrac{a_2}{2}} \right) \tag{6-6}$$

同理，动子每相的等效漏抗为

$$X_2 = \left(X_A + \frac{X_C}{2\sin^2 \dfrac{a_2}{2}} \right) \tag{6-7}$$

动子槽内导体的电阻与漏抗可以根据下式求得，即

$$\begin{cases} r = \dfrac{\rho l}{d \times w} \\[2mm] X_\sigma = 4\pi f \mu_0 \dfrac{N^2}{pq} L \sum \lambda \end{cases} \tag{6-8}$$

其中，l、d、w 为轴向槽的长度、深度、宽度。

对于笼型转子感应电机，其相数等于槽数 $m_2 = Q_2$，匝数和绕组因数为 $N_2 = 1/2$，$K_{w2} = 1$。因此，动子侧折算到定子侧时的折算系数为

$$K = \frac{m_1}{m_2} \left(\frac{N_1 K_{w1}}{N_2 K_{w2}} \right)^2 = \frac{4m_1 (N_1 K_{w1})^2}{Q_2} \tag{6-9}$$

考虑 2DOF-DDIM 旋转部分定子仅有传统旋转电机的一半，所以引入修正系数 $k=1/2$，可得到动子等效参数，即

$$\begin{cases} R'_{2s} = \dfrac{kK}{s} R_2 = \dfrac{2m_1 (N_1 K_{w1})^2}{sQ_2} R_2 \\[3mm] X'_{2s} = kK X_2 = \dfrac{2m_1 (N_1 K_{w1})^2}{Q_2} X_2 \end{cases} \tag{6-10}$$

有了动子等效参数之后，根据传统的直线电机参数计算公式可以求得定子侧

电阻 R_1 与漏电抗 $X_{1\sigma}$，励磁电阻 R_m 与励磁电抗 X_m，建立 2DOF-DDIM 旋转部分 T 型等值电路模型(图 6-46)。根据 2DOF-DDIM 旋转部分 T 型等值电路模型，可以计算 2DOF-DDIM 旋转部分不同转差率下的性能，包括相电流、转矩、效率等。

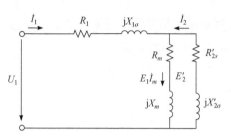

图 6-46　T 型等值电路模型

等值电路模型忽略谐波、饱和、涡流等多种因素的影响，可以在理想的条件下使电机的特性计算转化为电路计算问题。电机内部的电磁关系用等效的电路参数来联系，使电机各量间的关系更加清楚，计算简单方便，耗时短。三维有限元计算能够充分考虑电机端部效应、齿槽效应、铁芯饱和，以及涡流等影响因素，计算结果接近于电机实际运行状况，计算精度高，但是耗时比较长。因此，可以采用三维 FEM 验证等值电路模型参数的正确性。2DOF-DDIM 旋转部分 SCCM 三维有限元模型如图 6-47 所示。SCCM 结构参数如表 6-22 所示。

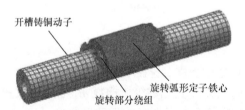

开槽铸铜动子

旋转弧形定子铁心

旋转部分绕组

图 6-47　2DOF-DDIM 旋转部分 SCCM 三维有限元模型

表 6-22　SCCM 结构参数

参数	数值/mm
转子外径	94
槽宽	2
槽深	7
槽距	10.84(轴向)
	11.57(周向)

首先，基于 2DOF-DDIM 旋转部分 SCCM 三维有限元模型，对不同工况下的

动子涡流进行计算。SCCM 涡流分布如图 6-48 所示。

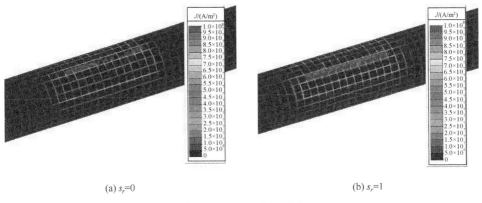

(a) $s_r=0$ (b) $s_r=1$

图 6-48 SCCM 涡流分布

由此可知，在 2DOF-DDIM 做旋转运动时，其动子涡流沿轴向槽导体与端部周向槽导体形成涡流回路，旋转磁场内部的周向槽导体内几乎不含涡流分量。这可以证明在 SCCM 等效电路简化模型中，忽略周向槽导体的影响后计算动子等效参数的可行性。

根据表 6-22 计算等效电路参数，建立 SCCM 的 2DOF-DDIM 旋转部分 T 型等值电路模型，对旋转部分的转矩、相电流、效率，以及功率因数随旋转部分转差率 s_r 的变化进行计算。旋转部分特性计算如图 6-49 所示。根据等值电路模型解析计算的旋转部分电流、转矩和效率随转差率 s_r 的变化趋势与有限元计算结果相符，且误差较小(5%左右)。由等值电路模型解析计算的旋转部分功率因数随转差率 s_r 的变化趋势与有限元计算结果相符，但是误差较大(10%左右)。总的来说，等值电路模型解析结果与三维 FEM 计算结果还是比较吻合的。

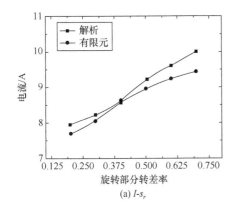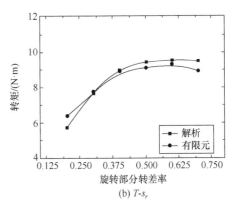

(a) I-s_r (b) T-s_r

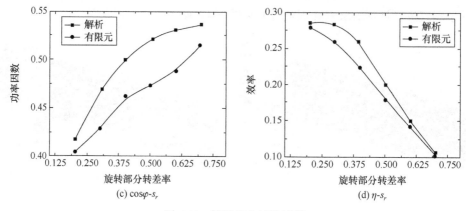

(c) $\cos\varphi$-s_r (d) η-s_r

图 6-49　旋转部分特性计算

由于等值电路模型忽略周向槽的影响、端部效应、饱和、谐波等因素，其次各种修正系数的选取依靠经验，相比之下，三维 FEM 的计算精度是非常高的。通过以上对比分析，可以验证 2DOF-DDIM SCCM 旋转部分动子等效参数计算时忽略周向槽的影响的可行性，以及等效参数计算的正确性。三维有限元计算结果更加精确。

6.5.4　动子结构对电机特性的影响

2DOF-DDIM 动子结构的改变会影响气隙磁场与动子涡流场的分布，从而改变电机的性能。基于光滑覆铜动子与 SCCM 两种不同动子结构的 2DOF-DDIM 三维有限元模型，分析不同动子结构对 2DOF-DDIM 特性的影响。给光滑覆铜动子与 SCCM 的 2DOF-DDIM 三维有限元模型施加相同的三相交流电，在相同的工况下，其动子磁场分布如图 6-50 所示，涡流分布如图 6-51 所示，磁场与涡流场参数如表 6-23 所示。

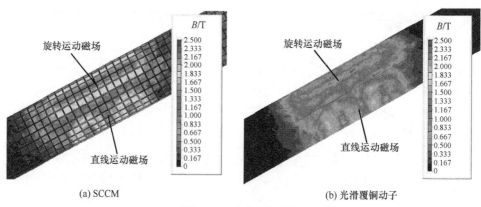

(a) SCCM   (b) 光滑覆铜动子

图 6-50　动子磁场分布

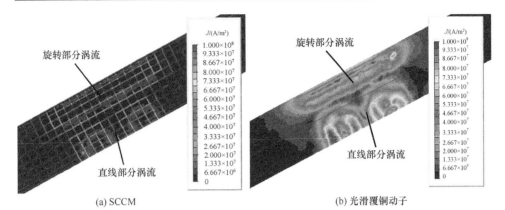

图 6-51　动子涡流分布

表 6-23　磁场与涡流场参数

项目		光滑覆铜	开槽铸铜	变化率
旋转部分	B/T	1.104	1.362	+23.26%
	J/(10^7A/m^2)	5.811	1.597	−72.51%
直线部分	B/T	1.190	1.485	+24.79%
	J/(10^7A/m^2)	6.818	1.916	−71.90%

对比图 6-50 与表 6-23 中两种结构的动子磁场分布与参数可知，磁场经过 SCCM 齿与轭部构成磁通路径，相比光滑覆铜动子，在同样的外径下，会减小等效电磁气隙的厚度，降低气隙磁阻与磁位降，使动子磁场增强 23.26% 与 24.79%。对比图 6-51 与表 6-23 中两种结构动子涡流场分布与参数可知，SCCM 涡流集中于槽导体中，且旋转部分轴向槽导体与旋转定子端部周向槽导体构成旋转部分涡流路径，旋转定子下周向涡流分量含量极少。直线部分周向槽导体与直线定子端部的轴向槽导体构成直线部分涡流路径，直线定子下轴向涡流分量含量极少。相比光滑覆铜动子，旋转部分涡流的周向涡流分量减少，直线部分轴向涡流分量减少，且电流密度降低 72.51% 与 71.90%。

由仿真结果与分析可知，相比光滑覆铜动子，SCCM 能够改善磁场与涡流分布，增强磁场强度，降低涡流密度。综上所述，对于实心动子来说，涡流是造成动子损耗的主要原因，降低涡流能很好地降低动子的损耗。给两个模型施加相同的三相交流电，动子损耗随旋转部分转差率 s_r 与直线部分转差率 s_l 的变化如图 6-52 所示。相同工况下，两种动子结构的动子损耗之比 K 为

$$K = \frac{P_{\text{swccm}}}{P_{\text{swclm}}} \tag{6-11}$$

其中，P_{swclm} 为光滑覆铜动子的动子损耗；P_{swccm} 为 SCCM 的动子损耗。

损耗之比 K 随旋转部分转差率 s_r 与直线部分转差率 s_l 的变化如图 6-53 所示。

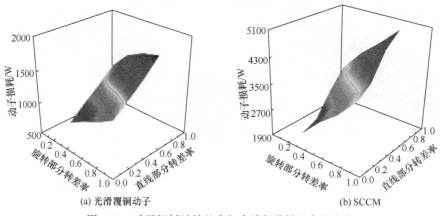

(a) 光滑覆铜动子　　　　　　　　　　　　　(b) SCCM

图 6-52　动子损耗随转差率与直线部分转差率的变化

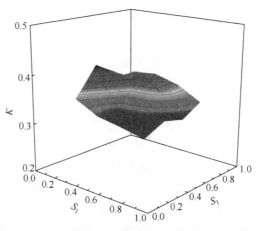

图 6-53　动子损耗之比

　　由图 6-52 所示的动子损耗可知，无论动子的结构是什么，其动子损耗随着转差率的增大而增大。其中，光滑覆铜动子的动子损耗非常高，这部分能量以热能的形式散失掉，会造成电机温升过高，威胁电机的安全运行。由图 6-53 所示的动子损耗之比 K 可知，相比光滑覆铜动子，SCCM 的动子损耗下降了超过一半(在整个计算范围内降低幅度为 58.8%～69.1%)。由以上计算结果与分析可知，SCCM 能够有效地降低动子涡流，从而降低动子损耗，同时降低电机温升。这对于改善电机性能，以及电机的安全运行来说都具有重要作用。

　　前面已经证实 SCCM 在改善电机磁场与涡流场，降低动子损耗等方面具有明显的作用，对于电机其他性能的改变我们不得而知，因此需要更多的仿真计算来验证。根据不同的供电方式，2DOF-DDIM 具有单自由度(旋转、直线)与多自由度

(螺旋)三种运动形式,在不同的运动形式下,电机性能是不同的。首先,验证 SCCM 对 2DOF-DDIM 单自由度运动下的电机性能的改变。在相同的供电条件下,采用不同动子结构时, 2DOF-DDIM 旋转部分的旋转转矩、相电流、动子损耗,以及效率随旋转部分转差率 s_r 变化的计算结果如图 6-54 所示。2DOF-DDIM 直线部分的直线推力、相电流、动子损耗,以及效率随直线部分转差率 s_l 的变化的计算结果如图 6-55 所示。

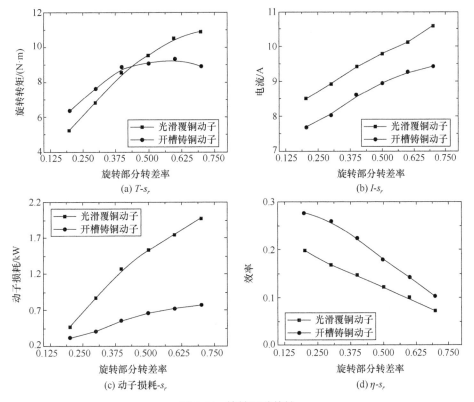

图 6-54　旋转运动特性

由图 6-54(a)可知,采用 SCCM 2DOF-DDIM 旋转部分产生的旋转转矩随着转差率 s_r 的增大先增大后减小,在 s_r=0.6 附近达到最大值;采用光滑覆铜动子产生的旋转转矩随着转差率 s_r 的增大而增大。在 s_r<0.45 时,采用 SCCM 产生的旋转转矩大于采用光滑覆铜动子结构产生的旋转转矩;在 s_r>0.45 时,采用 SCCM 产生的旋转转矩小于采用光滑覆铜动子结构产生的旋转转矩。

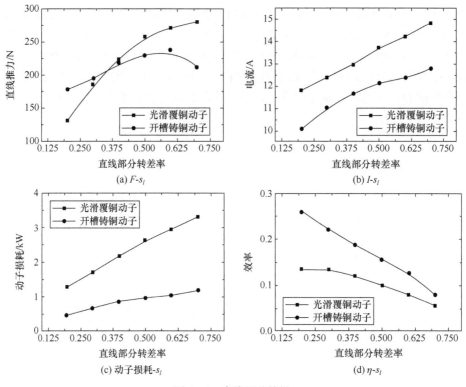

图 6-55　直线运动特性

由图 6-54(b) 与图 6-54(c) 可知，无论哪种动子结构，2DOF-DDIM 旋转部分的相电流与动子损耗随着转差率 s_r 的增大而增大。相比光滑覆铜动子，采用 SCCM 后，2DOF-DDIM 旋转部分的相电流在计算范围内平均下降 9.33%，动子损耗平均下降 53.1%。

由图 6-54(d) 可知，2DOF-DDIM 旋转部分效率随着转差率 s_r 的增大而减小，但是采用 SCCM 后，旋转部分效率明显增大，在计算范围内其效率是采用光滑覆铜动子效率的 1.47 倍。

由图 6-55(a) 可知，采用 SCCM 2DOF-DDIM 直线部分产生的推力随着转差率 s_l 的增大先增大后减小，在 s_l=0.6 附近达到最大值；采用光滑覆铜动子产生的旋转转矩随着转差率 s_l 的增大而增大。在 s_l<0.35 时，采用 SCCM 产生的直线推力大于采用光滑覆铜动子结构产生的直线推力；在 s_l>0.35 时，采用 SCCM 产生的直线推力小于采用光滑覆铜动子结构产生的直线推力。

由图 6-55(b) 与 6-55(c) 可知，无论哪种动子结构，2DOF-DDIM 直线部分的相电流与动子损耗随着转差率 s_l 的增大而增大；相比光滑覆铜动子，采用 SCCM 后，2DOF-DDIM 直线部分的相电流在计算范围内平均下降 12.4%，动子损耗平均下降 62.6%。

由图 6-55(d)可知，2DOF-DDIM 直线部分效率随着转差率 s_l 的增大而减小，但是采用 SCCM 后，直线部分效率明显增大，在计算范围内其效率是采用光滑覆铜动子效率的 1.62 倍。对比图 6-54 与图 6-55 可知，旋转部分与直线部分特性曲线的变化趋势是相似的。除此之外，相比光滑覆铜动子，SCCM 对旋转部分与直线部分性能的改变也是相似的，间接证明了 2DOF-DDIM 旋转部分与直线部分特性的相似性。其差异主要是定子结构参数不同导致的。由此可知，2DOF-DDIM 做单自由度运动(旋转与直线)，相比光滑覆铜动子，SCCM 在小转差率时提高输出电磁力(旋转转矩与直线推力)，能够有效地降低定子电流，减小动子损耗，提高电机效率。

当旋转部分负载为 5N·m 与直线部分负载为 80N 时，采用两种动子结构，2DOF-DDIM 螺旋运动特性如表 6-24 和表 6-25 所示。当旋转部分负载为 3N·m 与直线部分负载为 150N 时，采用两种动子结构，2DOF-DDIM 螺旋运动特性如表 6-26 和表 6-27 所示。计算可知，相比于光滑覆铜动子，SCCM 旋转部分输出平均转矩提高 3.81%，启动转矩提高 15.87%，电枢电流降低 6.50%，速度提高 31.30%，速度波动降低 29.21%，功率因数下降 5.83%；直线部分输出平均推力提高 6.28%，启动转矩提高 48.05%，电枢电流降低 2.36%，速度提高 8.82%，速度波动降低 53.83%，功率因数下降 6.98%。

表 6-24　2DOF-DDIM 旋转部分螺旋运动特性(负载 5Nm，80N)

参数	光滑覆铜动子	开槽铸铜动子
转矩/(N·m)	4.8	5.0
起动转矩/(N·m)	15.1	17.5
电流/A	8.8	8.2 A
速度/(r/min)	418.7	549.8
速度波动/(r/min)	10.1	7.1
功率因数	0.47	0.44

表 6-25　2DOF-DDIM 直线部分螺旋运动特性(负载 5Nm，80N)

参数	光滑覆铜动子	开槽铸铜动子
推力/N	71.3	75.8
起动推力/N	371.6	550.1

续表

参数	光滑覆铜动子	开槽铸铜动子
电流/A	11.6	11.3
速度/(m/s)	3.1	3.4
速度波动/(m/s)	13.0	6.0
功率因数	0.45	0.42

表 6-26　2DOF-DDIM 旋转部分螺旋运动特性(负载 3Nm，150N)

参数	光滑覆铜动子	开槽铸铜动子
转矩/(N·m)	2.7	2.7
起动转矩/(N·m)	12.6	14.2
电流/A	8.7	7.7
速度/(r/min)	525.4	645.1
速度波动/(r/min)	9.2	7.8
功率因数	0.41	0.38

表 6-27　2DOF-DDIM 直线部分螺旋运动特性(负载 3Nm，150N)

参数	光滑覆铜动子	开槽铸铜动子
推力/N	143.8	150.2
起动推力/N	444.8	522.5
电流/A	11.9	11.3
速度/(m/s)	2.4	2.6
速度波动/(m/s)	3.4	1.8
功率因数	0.50	0.47

计算可知，相比于光滑覆铜动子，SCCM 旋转部分输出平均转矩提高 2.63%，启动转矩提高 12.78%，电枢电流降低 10.62%，速度提高 22.78%，速度波动降低 16.03%，功率因数下降 7.98%；直线部分输出平均推力提高 4.47%，启动转矩提

高 17.47%，电枢电流降低 4.59%，速度提高 8.24%，速度波动降低 45.97%，功率因数下降 5.67%。

综上所述，相比光滑覆铜动子，在相同的负载条件下，虽然功率因数有一定的降低，但是采用 SCCM 后能够降低电枢电流，提高输出转矩(推力)与启动转矩(推力)，降低速度波动，提高电机性能。

6.6　本　章　小　结

本章总结了几种改善实心转子感应电机运行性能的措施，并对其中可行措施相对应的电机关键参数属性，即复合材料、气隙厚度、导电层材料、导电层厚度对电机性能的影响进行仿真研究，同时对这几个关键参数属性进行优化。优化结果中最佳气隙厚度为 3mm，最佳导电层材料为总厚度为 2mm 的钢铜材料。我们采用的是等效的设计方法，即先按照弧形旋转电机进行设计，再把设计结果等效应用于直线运动部分，因此优化结果也适用于直线运动部分。至此，2DOF-DDIM 的设计，以及优化已经完成。

本章对优化后的实心电机进行改进，将原电机的实心转子改为空心转子，同时改变电机转子次级材料。首先，使用不同的转子次级材料进行仿真，确定转子的导电层为 2mm 的铜层，将原来的钢铜复合次级材料改为纯铜次级材料，可以提升电机的运行可靠性和使用寿命。其次，对不同气隙的电机进行仿真，从转速大小及波动、损耗、相同转速下的输出转矩三个方面，确定 3mm 为最优的电机气隙。再次，在保证钢铜总体厚度不变的情况下，对不同的钢层厚度进行仿真。最后，确定钢层最优厚度为 4mm。修改后的电机气隙为 3mm，转子铜层厚度为 2mm，内层为 A3 钢，钢层厚度为 4mm。

除此之外，本章还对 2DOF-DDIM 动子为实心动子结构(光滑覆铜动子)造成的电机损耗大、机械特性软、效率低等缺点，提出一种适用于两自由度感应电机的新型 SCCM 结构，通过计算 SCCM 的等效参数，进行仿真验证。对比 SCCM 与光滑覆铜动子的三维有限元仿真结果，可以得出以下结论。

① SCCM 适用于 2DOF-DDIM。

② SCCM 的旋转部分等效参数计算时可以忽略周向槽的影响。

③ SCCM 能够改善磁场与涡流场分布，增强动子磁场，削弱动子涡流，降低动子损耗。

④ 单自由度运动时，SCCM 使电机具有较硬的机械特性，在一定范围内提高输出电磁力(转矩与推力)，降低定子电流与动子损耗，提高电机效率。

⑤ 螺旋运动时，SCCM 能降低电枢电流，提高输出转矩(推力)与启动转矩(推力)，降低速度波动，提高电机性能。

⑥ 验证了两自由度感应电机能够像传统单自由度实心转子异步电机一样通过设计实心动子结构改善电机性能，为两自由度感应电机优化设计提供新的方向。

第7章 两自由度直驱感应电机控制方案分析及矢量控制数学建模

根据前面对 2DOF-DDIM 的工作原理进行分析，可知其具有三种不同的运动状态，即直线运动、旋转运动、螺旋运动。

7.1 两自由度直驱感应电机运动模型

选择 2DOF-DDIM 的定子一端端部圆心作为坐标圆心 O，电机轴向圆柱圆心为 Z 轴方向。设 P 为电机转子上任意一点，P' 为任意时刻点 P 的轨迹，P 点的运动轨迹就代表了转子的运动状态。2DOF-DDIM 在空间直角坐标系下的运动模型如图 7-1 所示。

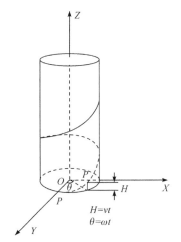

图 7-1 2DOF-DDIM 的空间直角坐标系下的运动模型

旋转部分的定子绕组通电与转子作用形成 X-Y 平面上的旋转运动，其运动方程为

$$T_e = T_L + \frac{J}{p}\frac{\mathrm{d}\omega}{\mathrm{d}t} + \frac{D}{p}\omega + \frac{K}{p}\theta \tag{7-1}$$

其中，T_L 为负载阻转矩；J 为转动惯量；D 为阻转矩阻尼系数；K 为扭转弹性转

矩系数；p 为极对数。

对于恒转矩负载来说，$D = 0, K = 0$，则

$$T_e = T_L + \frac{J}{p}\frac{\mathrm{d}\omega}{\mathrm{d}t} \tag{7-2}$$

直线部分的定子绕组通电与转子作用形成 Z 直线方向的直线运动，其运动方程为

$$\frac{\mathrm{d}v}{\mathrm{d}t} = \frac{F - F_{\text{load}}}{m} \tag{7-3}$$

$$v = \frac{\omega_r \tau}{\pi} \tag{7-4}$$

其中，F_{load} 为负载阻力；m 为电机质量；F 为电磁推力；v 为转子速度；ω_r 为直线运动转子角频率；τ 为直线部分定子绕组极距。

转子运动轨迹螺旋线的螺距为

$$b = \frac{v}{\omega} \tag{7-5}$$

即电机轴在 X-Y 平面旋转一周，那么电机轴在 Z 方向行程为 $2\pi b$。

7.2　两自由度直驱感应电机速度检测方案设计

在电动机的控制中，控制系统可以分为开环系统和闭环系统两大类。开环系统控制简单，用于满足对控制精度要求不高的场合；闭环控制用于对控制精度要求高的控制系统。在电动机控制系统中，这些控制指标包括电动机本身的运动精度要求，如角度和转速；传动机构的运动精度要求，如线位移和角位移。要实现对这些物理量的精确控制,就必须通过精密的检测传感器对这些物理量进行检测，将检测量由模拟量转成为数字量，反馈给控制计算芯片，通过控制芯片对这些数据进行处理，处理的结果作为输入量对电动机进行控制，从而实现对电机的数字闭环控制。检测传感器加上反馈环是开环控制系统和闭环控制系统的标志性区别，是电动机闭环控制系统的重要组成部分。

2DOF-DDIM 的速度检测是控制系统实现精确控制的必要条件。由于两自由度电机的运动特点，普通电机的速度检测传感器装置不能直接应用到两自由度电机速度测量中，因此需要对其速度检测方法进行研究，设计适合 2DOF-DDIM 的速度测量装置。

7.2.1　普通速度传感器在两自由度直驱感应电机速度检测中的应用局限性

由旋转电机速度传感器的工作原理可以知道，它们在测量时需要将基准元件

固定到电机或执行机构的静止部分,将测量元件装在电机或执行机构的运动部分,通过检测测量元件和基准元件之间的位移或速度差表示电机转轴或执行机构的运动速度或位移。

　　以常见的编码器为例,这种测速传感器在单自由度电机或运动机构中应用比较适合,但是假如电机转轴或运动机构运动形态不只有一个自由度。它不但具有普通旋转电机的旋转运动,而且在电机轴上具有轴向直线运动。因此,编码器等单自由度机构速度检测装置在 2DOF-DDIM 的速度检测方面难以适用。不同类电机与速度传感器连接区别图如图 7-2 所示。

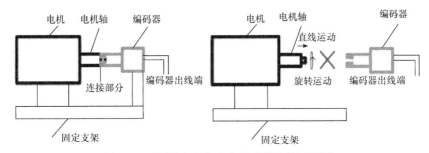

图 7-2　不同类电机与速度传感器连接区别图

　　2DOF-DDIM 具有直线运动、旋转运动、螺旋运动三种运动形态。在前两种运动形态下,其速度检测方式与单自由度的旋转电机和直线电机相同,这里主要讨论其做螺旋运动时的速度测量方法。在空间坐标系下,电机轴的运动形态为螺旋运动,由运动的合成与分解易知,这种螺旋运动可以分解成 $X\text{-}Y$ 平面的旋转运动和在 Z 轴方向的直线运动。本书利用两种测量传感器分别测量直线运动和旋转运动,通过对现有的传感器进行改进,使其适合 2DOF-DDIM 的速度检测。通过分析,将 2DOF-DDIM 的螺旋运动形态进行分解(图 7-3),分别对直线速度和旋转速度进行测量。

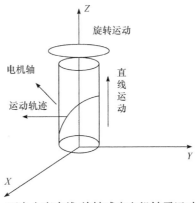

图 7-3　两自由度直线-旋转感应电机转子运动分解图

7.2.2　基于光学接近传感器的两自由度直驱感应电机速度检测装置的设计

　　光学接近传感器由光源和光电传感器组成。光电探测器能把光信号转换为电信号，它们的安装方式必须满足被检测的物体要么可以切断光路，要么可以反射光路。光电探测器采用光电阻器，一般由硫化镉(CdS)这样的材料制成。光电阻器的特性是，当光照强度增强时电阻减小，它的价格比较低廉，但是反应却非常的灵敏，当光电阻器暴露在亮光和黑暗的情况下电阻能以 100 或更高的系数改变。因此，当光信号通断改变时，光电传感器的输出电信号就发生改变。光电探测器接口电路图如图 7-4 所示。

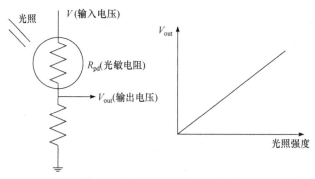

图 7-4　光电探测器接口电路图

　　图 7-5 所示为光电阻式光学接近传感器在罐头装配线上的应用，利用光路的通断来检测罐头的数量。

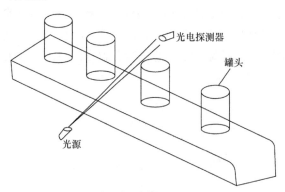

图 7-5　光电探测器在罐头装配线上的应用

　　根据罐头生产线利用光学接近传感器的原理来检测罐头数量的应用，因此在一个具有一定厚度的圆盘上沿轴向在半径为 R 处等角度开一定数量(设为 p)的小孔，然后将圆盘装在电机轴上(图 7-6)。在圆盘的一侧与小孔半径等距安装光源，在圆盘另一侧与光源对应安装光电阻式光电探测器。当光源与光电探测器与圆孔在一条直线上的时候，光电探测器被光源照射，光电探测器就输出高电压，当圆盘随电机轴旋转时，光电探测器没有被光照射则光电探测器就输出低电压。设定电压阈值，当光电探测器输出电压高于阈值时记为高电平，反之记为低电平。当光电探测器输出由高电平变为低电平或者由低电平变为高电平时，记为一次脉冲输出。这些脉冲可以利用阈值探测器电路转变为纯方波。

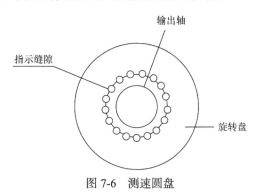

图 7-6　测速圆盘

设单位时间(1s)光电探测器输出脉冲方波频率为 m Hz，旋转盘上小孔的个数为 a，那么电机轴每秒转动一周，传感器输出脉冲频率为 a Hz，电机轴每转 1r/min 时的传感器脉冲方波输出频率 s 为

$$s = a/60 \, \text{Hz} \tag{7-6}$$

因此，当传感器脉冲方波的输出频率为 m Hz 时，电机每分钟转速 n 为

$$n = 60m/a \tag{7-7}$$

根据式(7-7)，即可求得电机轴的每分钟转速 n。光电式速度传感器安装示意图如图 7-7 所示。

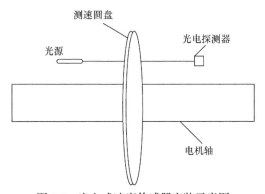

图 7-7　光电式速度传感器安装示意图

如图 7-7 所示，安装一个测速盘仅能测量电机轴在旋转方向的速度。对于本书所研究的两自由度直线-旋转感应电机，电机轴不但在 X-Y 平面具有旋转运动形

式，而且在 Z 轴具有直线运动形式，因此需要测量电机轴 Z 方向的直线速度。我们还需要一定数量的测速圆盘和另一套光电探测传感器。在电机轴向每隔一定距离套上一个测速圆盘，沿电机切向的一侧放置光电电源，切向另一侧放置光电探测器。多个测速圆盘测量直线速度原理如图 7-8 所示。

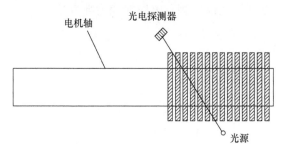

图 7-8　多个测速圆盘测量直线速度原理图

当电机轴沿轴方向直线运动时，由于测速盘具有一定厚度，当光源与光电探测器之间没有测速盘遮挡时，光电探测器被传感器光源照射接口电路输出为高电压。当经过测速盘遮挡时，光电探测器接口电路输出低电压，设定电压阈值，利用阈值探测器电路将输出电压脉冲转换成纯方波。

设圆盘自身的厚度为 x，相邻圆盘的距离为 y，传感器输出脉冲方波的频率为 l，那么电机轴在直线方向的速度 v 为

$$v = l(x + y) \tag{7-8}$$

根据以上分析，我们可以通过在电机轴上等距安装多个相同的测速盘，在电机轴向两端安装一套光源和光电探测器测量 X-Y 平面的旋转速度，在电机轴切向两端安装一套光源和光电探测器测量 Z 轴方向的直线速度。基于光电式速度传感器的两自由度电机速度测量装置如图 7-9 所示。

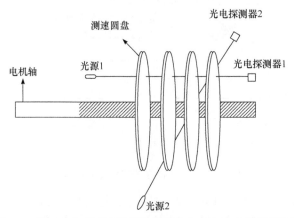

图 7-9　基于光电式速度传感器的两自由度电机速度测量装置

当两自由度旋转感应电机做螺旋运动时，光电探测器 2 是否接收到光源只取决于电机轴在轴向方向的位移量，与切向方向的旋转量无关。因此，根据光电探测器 2 输出方波的频率 l 和圆盘厚度 x、圆盘间距 y，即可算出电机在直线方向的速度。同理，光电探测器接受光源与否只取决于电机轴在切向的旋转角位移量，与轴向的直线位移无关。因此，根据光电探测器 1 输出方波的频率 m 和测速圆盘上小孔个数 a，即可算出电机轴旋转转速。

7.2.3　基于磁电感应原理的两自由度直驱感应电机速度检测方案

磁电式转速传感器是利用磁电感应的原理实现转速测量的。磁电式传感器由铁芯、磁钢、感应线圈等部件组成。当测量对象转动时，由于磁电传感器产生的磁力线被转动齿轮切割，磁路磁阻变化，因此在感应线圈内产生电动势。

磁电式转速传感器产生感应电势的电压与被测对象的转速成正比。但是，当被测物体的转速超过了磁电式转速传感器的测量范围时，磁路损耗会过大，使输出电势饱和，甚至锐减。

齿状转子转速测量装置由一个固定的传感器和一个可以旋转的齿状铁轮(看起来像一个大的齿轮)组成，可以安装在测量的部件上。例如，安装在电机的轴上，当一个轮齿转过时，传感器就产生一个脉冲。齿轮的速度正比于脉冲的频率。例如，一个齿轮有 20 颗轮齿，那么每旋转一周将产生 20 个脉冲。磁电式转速传感器测转速的原理图如图 7-10 所示。

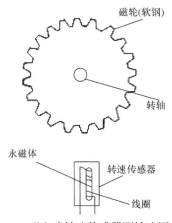

图 7-10　磁电式转速传感器测转速原理图

设齿状转子有 m 个轮齿，传感器的输出脉冲是 x，则该系统的传递函数为

$$\mathrm{TF} = \frac{\text{输出}}{\text{输入}} = \frac{\text{传感器频率}}{\text{转子每分钟转速}} = \frac{m}{60} \tag{7-9}$$

当传感器的输出脉冲为 x 时，该转子的转速 n 为

$$n = \frac{xm}{60} \tag{7-10}$$

同样，由于 2DOF-DDIM 的特殊性，在设计基于磁电式原理的 2DOF-DDIM 速度检测方案时，还需要将电机的螺旋运动分解成旋转运动和直线运动分别进行测量，因此需要两套磁电式传感器。两自由度直线-旋转感应电机转子轴开槽示意图如图 7-11 所示。

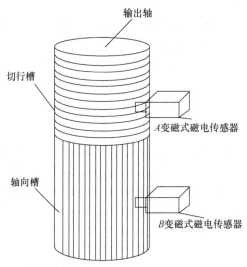

图 7-11　两自由度直线-旋转感应电机转子轴开槽示意图

由于本书研究的 2DOF-DDIM 在轴向方向的行程较短，约为 12cm，因此可以在电机轴上开如图 7-11 所示的槽，在电机轴上一部分开成切向槽，另一部分开成轴向槽。切向槽和轴向槽的长度略大于电机轴向方向的行程，A 磁电式转速传感器用来测量电机轴向的前进速度，当电机轴做螺旋运动时，只有轴向方向的位移移动才能使 A 磁电式传感器输出脉冲，旋转量的改变对 A 磁电式传感器的输出状态没有影响。B 磁电式转速传感器用来测量电机的旋转速度，当电机做螺旋运动时，只有电机轴旋转量的改变才能使 B 磁电式传感器输出脉冲，轴向的位移改变对 B 磁电式传感器的输出状态没有影响。无论电机旋转运动、直线运动，还是螺旋运动，都能确保 A 磁电式转速传感器始终对应切向齿槽、B 磁电式转速传感器始终对应轴向齿槽，从而确保旋转速度和轴向速度测量的准确性和连续性。

假设 A 变磁式磁电传感器脉冲输出的频率为 l，齿宽为 x，槽宽为 y，那么电机输出轴在直线方向上的速度 v 为

$$v = l(x + y) \tag{7-11}$$

如果 B 变磁式磁电传感器的输出频率为 m ，轴向齿的个数为 q ，根据前面变磁式磁电测速原理公式可得 2DOF-DDIM 的旋转速度，即

$$n = mq/60 \tag{7-12}$$

通过在电机轴上面开轴向和切向槽，利用变磁式磁电传感器通过检验齿槽变化的原理可以方便地测定 2DOF-DDIM 在 X-Y 平面的旋转速度和 Z 方向的直线速度。

7.2.4　基于光电传感器与磁电传感器联合的两自由度直驱感应电机速度检测方案设计

利用光电传感器原理设计的 2DOF-DDIM 速度检测方案的优点是方法简单，成本比较低。但也存在缺点，例如通过在电机轴上安装测速盘的方法，虽然可以方便地测量 2DOF-DDIM 的速度，但是由于电机轴在工作时存在震动，可能使测速盘与光源、光电探测器的相对位置改变，造成速度测量不准确。

利用磁电传感器原理设计的 2DOF-DDIM 速度检测方案的优点是在传感器运行的时候不需要供电输出的信号比较强烈，但也存在一些缺点。例如，当两自由度电机在直线方向的行程比较大时，两个磁电式传感器的检测量会发生混淆，因此会造成测量错误。

结合光电传感器和磁电传感器的优点，可以利用光电传感器和磁电传感器联合测量 2DOF-DDIM 的速度。光电式和磁电式传感器联合测量装置图如图 7-12 所示。

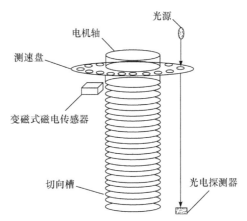

图 7-12　光电式和磁电式传感器联合测量装置图

在电机轴的一端端部位置安装一个测速盘，测速盘上沿圆心等距开一定数量的小孔，并设小孔数量为 m 。在测速盘的两侧分别安装光源和光电探测器，确保光源测速盘上小孔在同一直线上。在沿测速盘安装位置的电机轴其余部分开切向

槽，槽宽和齿宽为 x 和 y，将变磁式磁电传感器安装在紧挨着测速盘的位置。由于测速盘的厚度有限，可以近似地认为电机行程部分电机轴均开有切向槽。这样可以确保在电机行程范围内，变磁式磁电传感器始终能对直线方向的直线速度进行测量。

当变磁式磁电传感器的输出脉冲频率为 l 时，两自由度电机在直线方向的速度 v 为

$$v = l(x + y) \tag{7-13}$$

当光电探测器的输出脉冲频率为 a 时，两自由度电机的旋转速度 n 为

$$n = ma/60 \tag{7-14}$$

利用光电传感器和磁电式传感器联合测量 2DOF-DDIM 速度的方法，可以克服在磁电传感器测量转速方案中因电机直线行程大造成的测量错误和在光电传感器测量方案中因电机振动使光栅盘错位造成的测量误差。

7.3　两自由度直驱感应电机控制方案论证

当 2DOF-DDIM 的两套定子绕组仅有一套通入三相电源时，2DOF-DDIM 就退化成单自由度的旋转电机或者直线电机。在这两种情况下，对 2DOF-DDIM 的控制与普通单自由度感应电机控制方法相同。

本书对 2DOF-DDIM 的研究重点是其在做螺旋运动下的控制策略。旋转部分的定子绕组用于形成 X-Y 平面的旋转运动，直线部分的定子绕组用于形成 Z 轴方向的直线运动。两种运动合成为螺旋运动。因此，可以采用控制螺旋运动螺距的方法控制电机的螺旋运动轨迹。具体的控制思路是，对旋转部分和直线部分使用交流调速系统进行控制，将 2DOF-DDIM 控制系统等效成旋转感应电机调速系统和直线感应电机调速系统进行协调控制。通过控制两个自由度上的速度控制螺距(等于直线速度和旋转速度比值)，达到控制电机轴运动轨迹的目的，并将单自由度交流电机的控制策略应用到 2DOF-DDIM 的控制当中，从而获得较好的控制效果。

根据前面的分析，2DOF-DDIM 做两自由度螺旋运动时，其控制系统可以等效成旋转感应电机调速系统和直线感应电机调速系统，对两调速系统进行协同控制，从而控制螺旋运动轨迹的螺距。下面对 2DOF-DDIM 的两调速系统调速的控制策略和两套定子绕组供电方式的选择进行论证。

7.3.1　控制策略的比较

由于 2DOF-DDIM 的控制系统可等效成两个单自由度调速系统，因此单自由度电机调速系统控制策略也可以应用到其中。下面对单自由度交流电机的控制策

略进行对比。

1. 压频比控制调速方法

在异步电机总体控制方案中，恒压频比控制方式是最早实现，也是最简单的调速方式。这种方法结构比较简单，通过调节逆变器的输出电压可以实现电机的速度控制。根据电机的参数设定压频比曲线，系统的可靠性高。由于恒压频比控制属于开环控制方式，调速的精度和动态响应特性并不尽如人意。特别是，在低速范围，由于定子电阻压降不能忽略，对电压的改变比较困难，因此调速范围很窄，调速精度也不高。众所周知，异步电机存在转差率，电机转速根据负载转矩的不同而变化，即便是变频器具有转差补偿功能和转矩提升功能，其调节精度也很难达到 0.5%，因此采用恒压频比控制的异步电机开环变频系统一般用于对控制精度要求不高的场合，如风机、水泵等负荷。假如被控对象对控制性能要求较高时，恒压频比控制方式就不能满足控制要求。

2. 矢量控制

矢量控制技术又称磁场定向技术，产生于 20 世纪 70 年代。经过 40 多年的发展已成为工业应用变频控制的首选。它的原理是分析电机的物理和数学模型，首先利用坐标变换简化模型，实现转矩和磁通分量的解耦，然后借用直流调速系统的方法设计控制系统。根据速度反馈输入的不同，矢量控制系统可以分为带速度传感器的控制系统和无速度传感器的控制系统。矢量控制式变频器通过对异步电机的磁通和转矩电流进行检测和控制，改变电机输入电源的电压和频率，使电机检测值与给定值趋于一致，进而实现对电机的变频调速控制。这种电机控制系统具有优良的静动态特性。实验数据的控制精度误差约等于 0.5%，转速响应比较快。因此，采用矢量控制的异步电机调速系统控制结构简单，可靠性大大提升。与恒压频比控制方式相比具有调速范围比较宽、转矩控制比较精确、控制系统动态响应迅速、电机速度响应率好等特点。带速度传感器的矢量控制系统调速性能虽然好，但是需要在异步电机运动轴上安装速度传感器。这可能对异步电机的结构强度和可靠性产生影响。在特殊情况下，由于电动机本体或工作环境的限制，无法安装速度传感器，并且系统添加了反馈电路和附加辅助环节，同时增加了系统故障的概率。如果系统对调速范围、转速精度和动态品质的要求不是特别高，可以考虑无速度传感器的矢量控制系统。

3. 直接转矩控制

除了恒压频比和矢量控制外，还有一种新型电机控制方案，即直接转矩控制(direct torque control，DTC)技术。它将电机的输出转矩作为直接控制对象，通过对定子磁场向量的精确控制来控制电机的转速。实际现场应用表明，异步电机变频调速系统具有显著的特点，即电机的磁场接近于圆形、谐波较小、损耗低、噪声及温升均比一般变频器驱动的电机小。DTC 系统具有以下优点，即直接在定子坐标系下分析交流电机的数学模型，控制电动机的磁链和转矩。它不需要等效直流电机的控制方法，也不必为解耦而简化交流电机数学模型，因此可以避免矢量坐标变换等复杂的计算。DTC 采用的是转子磁场定向，因此仅需知道定子电阻就能完成观测。一般矢量控制采用的是定子磁场定向，对转子磁链观测需已知电机的转子电阻和电感，因此与矢量控制相比，DTC 控制性能受到电机参数变化的影响较小。

直接转矩的缺点也很明显，由于采用 Bang-Bang 的控制策略，控制器输出电压开关频率的不确定性可能带来转矩的脉动和电机噪声问题。定子磁链计算器都是以纯积分运算或低通滤波器运算为主，加上电机同步转速较低，定子磁链的真实值计算比较难。DTC 没有独立的电流闭环，系统不利于进行电流保护和电流饱和控制。

根据对以上三种总体控制方案的比较，结合电机本身的特点，我们选择矢量控制作为 2DOF-DDIM 的控制策略。

7.3.2 总体控制方案的比较

1. 单变频器供电控制方案

根据 2DOF-DDIM 的结构可以看出，由于旋转部分定子和直线部分定子均为半圆形，因此当两套绕组通入三相交流电时，两套定子绕组与转子相互作用，转子会受到沿圆周的法向力。一般旋转电机由于定子沿圆周中心对称，转子受到的法向力相互抵消，因此旋转电机不存在法向力不平衡的问题。如果 2DOF-DDIM 两半定子在共用转子上产生的法向力不相等，转子就会发生偏心现象。为了抑制这种情况，2DOF-DDIM 在本体设计上使两半定子铁芯面积相同，两套定子绕组匝数选线连接方式也完全相同，尽量使两定子部分在电气性能上保持一致。如果两套定子绕组采用相同的电源供电，那么单变频器供电控制方案特别适合抑制电机动子法向力。单变频器供电的 2DOF-DDIM 控制方案的原理图如图 7-13 所示。

采用单变频器控制方案，2DOF-DDIM 的两套绕组同时采用一个变频器供电，控制策略采用恒压频比开环控制。类似普通电机变频控制系统的"一拖二"模式，使用单变频器供电的控制方案要求变频器的容量大于 2DOF-DDIM 的容量。

采用单变频器控制方案的好处是，可以保证两套定子绕组的供电状况完全相同，最大限度地抑制电机转子的法向力不平衡问题。使用压频比的控制方式，不需要设计 2DOF-DDIM 的速度检测装置。这种控制方案的缺点是，2DOF-DDIM 的旋转速度和直线速度不能同时独立调节，因此电机做螺旋运动时的螺距固定，且使用恒压频比的控制策略,控制精度和动态响应不能满足要求。

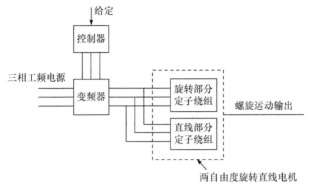

图 7-13 单变频器供电的 2DOF-DDIM 控制方案的原理图

2. 双变频器供电控制方案

双变频器供电的 2DOF-DDIM 控制方案采用两个变频器向旋转部分定子绕组和直线部分定子绕组分别独立供电。两个变频器与各自供电绕组和测速装置组成两个独立的闭环控制系统。控制策略采用高性能的矢量控制。这种控制方案不考虑电机结构上转子法向力不平衡的问题。转子偏心问题通过机械装置,例如通过加装刚性固定轴承的方法来抑制。双变频器供电的 2DOF-DDIM 控制方案原理图如图 7-14 所示。

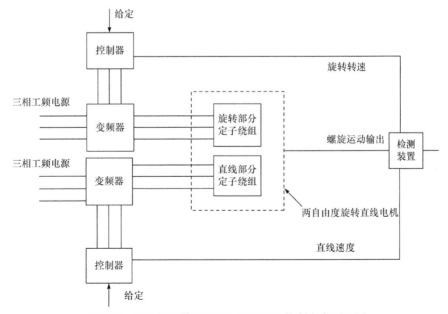

图 7-14 双变频器供电的 2DOF-DDIM 控制方案原理图

双变频器控制方案的优点是，2DOF-DDIM 的旋转速度和直线速度均可以独立地调节，因此转子做螺旋运动的螺距也可以根据控制要求灵活变动。这种控制方案对两套绕组本身没有特别的要求，可以将高性能矢量控制应用到 2DOF-DDIM 的控制中，因此控制精度更高、动态响应性能更好。使用双变频器控制方案，需要设计 2DOF-DDIM 的速度检测装置。

对比单变频器控制方案和双变频器控制方案，双变频器供电方案更适合 2DOF-DDIM 的控制，具有更好的控制性能。因此，本节选定双变频器控制方案作为 2DOF-DDIM 的总体控制方案。

7.4　两自由度直驱感应电机矢量控制数学建模

7.4.1　矢量控制的基本实现思路

矢量控制的基本思想是，将交流电机模拟成直流电机；转子磁链作为参考坐标；定子电流分解成两个相互正交的分量，一个与转子磁链同方向，代表定子电流的励磁分量 i_T，另一个与磁链正交，代表定子电流的转矩分量 i_M；通过对励磁分量和转矩分量进行分别控制，从而获得与直流电机类似的动态特性[18,19,28,36,42,92]。因此，矢量控制的关键是对电流矢量的幅值和空间位置(频率和相位)的控制[20]。矢量控制原理框图如图 7-15 所示。

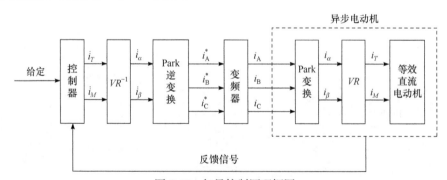

图 7-15　矢量控制原理框图

假设旋转运动体上有两个相互垂直的绕组，向两个绕组中分别通入由给定信号分解得到的励磁电流 i_M^* 和转矩电流 i_T^*。同时，把电动机在运行过程中的三相交流系统的信号，通过坐标变换分解成两个互相垂直的直流信号，反馈到给定的控制部分，修正给定的控制信号 i_M^* 和 i_T^*。控制时，使其中的一个磁场信号 i_M^* 不变，仅控制另外的转矩电流信号 i_T^*，从而获得和直流电机类似的控制性能。转矩电流反馈反映负载变化，使直流信号中的转矩分量 i_T^* 能随负载变化，从而模拟类似于直流电机的工作状况。速度反馈用于反映拖动系统实际转速与给定值之间的差异，并使系统以合适的速度进行校正，从而提高动态性能。

7.4.2 坐标变换

坐标变换是实现矢量控制基本手段。在研究矢量控制时，定义三种不同的坐标系，即三相静止坐标系(记为 3s)、两相静止坐标系(记为 2s)、两相旋转坐标系(记为 2r)。坐标变换的原则是保持磁动势、功率不变，采用正交变换方式。

1. 三相静止坐标系到两相静止坐标系(记为 3s/2s)的变换

当交流电动机三相对称绕组通入三相对称电流时，可以在电动机气隙中产生空间旋转的磁场。在功率不变的条件下，按照磁动势不变的原则，三相对称绕组产生的空间旋转磁场可以用两相对称绕组等效[19]。如图 7-16 所示，将三相静止坐标系和两相静止坐标系变换，可以在磁动势不变的情况下建立三相绕组和两相绕组电压、电流及磁动势之间的关系。设 i_α 和 i_β 为两相对称绕组的电流，i_A、i_B、i_C 为三相对称绕组的电流，它们间的变换关系为

$$\begin{bmatrix} i_\alpha \\ i_\beta \\ i_0 \end{bmatrix} = \sqrt{\frac{2}{3}} \begin{bmatrix} 1 & -\frac{1}{2} & -\frac{1}{2} \\ 0 & \frac{\sqrt{3}}{2} & -\frac{\sqrt{3}}{2} \\ \frac{1}{\sqrt{2}} & \frac{1}{\sqrt{2}} & \frac{1}{\sqrt{2}} \end{bmatrix} \begin{bmatrix} i_A \\ i_B \\ i_C \end{bmatrix} = C_{3/2} \begin{bmatrix} i_A \\ i_B \\ i_C \end{bmatrix} \tag{7-15}$$

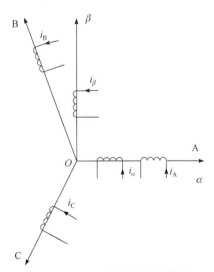

图 7-16 3s/2s 坐标下的电机模型

其中，i_0 是为了便于逆变换而增加的一相零序分量；$C_{3/2}$ 为 3s/2s 变换矩阵。

上述变换原则同样适用于电压和磁势的变换，并且它们的逆变换也存在。

2. 两相静止坐标系和两相旋转坐标系(记为 2s/2r)的变换

两相静止坐标系和两相旋转坐标系的变换可用于建立两相静止绕组和两相旋转绕组间电压或电流之间的关系。如图 7-17 所示，L_α、L_β 是静止 α-β 坐标系的两个绕组，称为静止绕组；L_d、L_q 是 d-q 旋转坐标系上的两个绕组，称为旋转绕组。d-q 旋转坐标系的旋转速度可以是任意的，这是旋转变换的一般情况。如果静止绕组产生的旋转磁动势角速度为 ω_1，则

$$\omega_1 = \frac{2f}{p} \tag{7-16}$$

其中，f 为静止绕组电流频率；p 为电动机极对数。

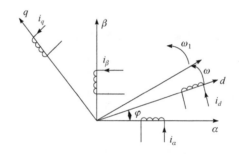

图 7-17　2s/2r 坐标下的数学模型

假设 d-q 旋转坐标系的旋转速度为 ω，那么旋转坐标系上旋转绕组中的电流角频率为 $\omega_1 - \omega$。如果旋转坐标系的旋转速度 $\omega = \omega_1$，那么旋转绕组中的电流角频率为零，即旋转绕组中的电流为直流。经过 2s/2r 变换，交流电动机就能和直流电动机建立等效关系，使交流电动机可以套用直流电动机的控制方法进行控制。这正是交流电动机矢量控制的精髓。

两相静止坐标系和两相旋转坐标系的变换关系为

$$\begin{bmatrix} i_\alpha \\ i_\beta \end{bmatrix} = \begin{bmatrix} \cos\phi & -\sin\phi \\ \sin\phi & \cos\phi \end{bmatrix} \begin{bmatrix} i_d \\ i_q \end{bmatrix} = C_{2r/2s} \begin{bmatrix} i_d \\ i_q \end{bmatrix} \tag{7-17}$$

其中，ϕ 为 d-q 坐标系 d 轴与 α-β 坐标系之间的夹角 $\phi = \int \omega \mathrm{d}t$。

两相旋转到两相静止的变换矩阵为

$$C_{2r/2s} = \begin{bmatrix} \cos\phi & -\sin\phi \\ \sin\phi & \cos\phi \end{bmatrix} \tag{7-18}$$

通过逆变换，也可以得到两相静止到两相旋转的变换矩阵，即

$$C_{2\text{s}/2\text{r}} = C_{2\text{r}/2\text{s}}^{-1} = \begin{bmatrix} \cos\phi & \sin\phi \\ -\sin\phi & \cos\phi \end{bmatrix} \tag{7-19}$$

3. 三相静止坐标系和两相旋转坐标系(记为 3s/2r)的变换

在得到三相静止坐标系到两相静止坐标系的变换、两相静止坐标系到两相旋转坐标系的变换矩阵后，通过坐标等价同样可以得到三相静止坐标系到两相任意旋转坐标系的变换，即

$$\begin{bmatrix} i_d \\ i_q \\ i_0 \end{bmatrix} = C_{2\text{s}/2\text{r}} \begin{bmatrix} i_\alpha \\ i_\beta \\ i_0 \end{bmatrix} = C_{2\text{s}/2\text{r}} C_{3\text{s}/2\text{s}} \begin{bmatrix} i_\text{A} \\ i_\text{B} \\ i_\text{C} \end{bmatrix} = C_{3\text{s}/2\text{r}} \begin{bmatrix} i_\text{A} \\ i_\text{B} \\ i_\text{C} \end{bmatrix} \tag{7-20}$$

其中，三相静止坐标系到两相任意旋转坐标系的变换矩阵为

$$C_{3\text{s}/2\text{r}} = C_{2\text{s}/2\text{r}} C_{3\text{s}/2\text{s}} = \sqrt{\frac{2}{3}} \begin{bmatrix} \cos\phi & \cos(\phi-120) & \cos(\phi+120) \\ -\sin\phi & -\sin(\phi-120) & -\sin(\phi+120) \\ \dfrac{1}{\sqrt{2}} & \dfrac{1}{\sqrt{2}} & \dfrac{1}{\sqrt{2}} \end{bmatrix} \tag{7-21}$$

三相静止坐标系到两相任意旋转坐标系的逆矩阵为

$$C_{2\text{r}/3\text{s}} = C_{3\text{s}/2\text{r}}^{-1} = \sqrt{\frac{2}{3}} \begin{bmatrix} \cos\phi & -\sin\phi & \dfrac{1}{\sqrt{2}} \\ \cos(\phi-120) & -\sin(\phi-120) & \dfrac{1}{\sqrt{2}} \\ \cos(\phi+120) & -\sin(\phi+120) & \dfrac{1}{\sqrt{2}} \end{bmatrix} \tag{7-22}$$

7.4.3　两自由度直驱感应电机数学模型

由于 2DOF-DDIM 在工作时可等效成旋转部分和直线部分，因此在对 2DOF-DDIM 建模时可以采用建立旋转部分和直线部分的数学模型来代替。

1. $dq0$ 坐标系上旋转部分的数学模型

旋转部分虽然工作原理与普通旋转异步电机相同，但由于其铁芯存在与直线电机相同的开断现象，因此把它归入直线电机类别中。根据其 T 型等效电路，利用坐标变换建立旋转部分的同步 $dq0$ 坐标系模型如下。

$dq0$ 坐标系上的电压方程为

$$
\begin{cases}
u_{sd} = R_s i_{sd} + p\psi_{sd} - \omega_s\psi_{sq} \\
u_{sq} = R_s i_{sq} + p\psi_{sq} + \omega_s\psi_{sd} \\
u_{rd} = R_r i_{rd} + p\psi_{rd} - \omega_0\psi_{rq} \\
u_{rq} = R_r i_{rq} + p\psi_{rq} + \omega_0\psi_{rd}
\end{cases}
\tag{7-23}
$$

其中，ω_0 为 $dq0$ 坐标系相对于转子的角速度；定子各量的下标均用 s 表示；转子的各量用 r 表示。

$dq0$ 坐标系上的磁链方程为

$$
\begin{cases}
\psi_{sd} = L_s i_{sd} + L_m i_{rd} \\
\psi_{sq} = L_s i_{sq} + L_m i_{rq} \\
\psi_{rd} = L_m i_{sd} + L_r i_{rd} \\
\psi_{rq} = L_m i_{sq} + L_r i_{rq}
\end{cases}
\tag{7-24}
$$

$dq0$ 坐标下的转矩方程为

$$
T_e = pL_m(i_{sq}i_{rd} - i_{sd}i_{rq})
\tag{7-25}
$$

其中，p 为极对数；L_m 为定转子之间的互感。

2. $dq0$ 坐标系上直线部分的数学模型

直线电机与旋转电机的区别在于，建立数学模型时需要考虑其纵向动态边端效应的影响。考虑动态边端效应的直线电机 T 型电路如图 7-18 所示。图中忽略铁耗产生的损耗；$R_r f(Q)$ 和 $L_m(1-f(Q))$ 均是考虑纵向动态边端效应影响而引入和修改的项；$Q = DR_r/(L_r v)$，D 为初级有效长度，v 为初级速度，R_r 和 L_r 为折算过的初级电阻和初级电感；$f(Q)$ 为电机次级速度和初级长度的函数，$f(Q) = (1-e^{-Q})/Q$。

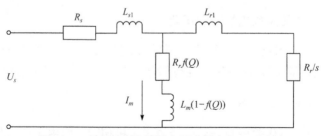

图 7-18　考虑动态边端效应的直线电机 T 型电路

根据直线电机的 T 型等效电路，考虑动态纵向边端效应的影响，在旋转感应电动机数学模型的基础上，可以建立直线部分的同步旋转 $dq0$ 坐标系数学模型[45-49]。

电压方程为

$$
\begin{cases}
u_{sd} = R_s i_{sd} + R_r f(Q)(i_{sd} + i_{rd}) + \dfrac{\mathrm{d}\psi_{sd}}{\mathrm{d}t} - \omega_1 \psi_{sq} \\[2mm]
u_{sq} = R_s i_{sq} + R_r f(Q)(i_{sq} + i_{rq}) + \dfrac{\mathrm{d}\psi_{sq}}{\mathrm{d}t} + \omega_1 \psi_{sd} \\[2mm]
u_{rd} = R_r i_{rd} + R_r f(Q)(i_{sd} + i_{rd}) + \dfrac{\mathrm{d}\psi_{rd}}{\mathrm{d}t} - \omega_s \psi_{rq} \\[2mm]
u_{rq} = R_r i_{rq} + R_r f(Q)(i_{sq} + i_{rq}) + \dfrac{\mathrm{d}\psi_{rq}}{\mathrm{d}t} + \omega_s \psi_{rd}
\end{cases}
\tag{7-26}
$$

其中，ω_1 为初级磁场角频率；$\omega_s = \omega_1 - \omega_r$ 为转差角频率，ω_r 为次级磁场角频率。

磁链方程为

$$
\begin{cases}
\psi_{sd} = (L_s - L_m f(Q))i_{sd} + L_m(1 - f(Q))i_{rd} \\
\psi_{sq} = (L_s - L_m f(Q))i_{sq} + L_m(1 - f(Q))i_{rq} \\
\psi_{rd} = L_m(1 - f(Q))i_{sd} + (L_r - L_m f(Q))i_{rd} \\
\psi_{rq} = L_m(1 - f(Q))i_{sq} + (L_r - L_m f(Q))i_{rq}
\end{cases}
\tag{7-27}
$$

电磁拉力 F_e 和电磁转矩 T_e 的关系为

$$
F_e = \frac{T_e \omega}{P v_s} = \frac{\pi}{\tau P} T_e
\tag{7-28}
$$

电磁拉力为

$$
F_e = \frac{3\pi}{2\tau}(\psi_{sd} i_{sq} - \psi_{sq} i_{sd})
\tag{7-29}
$$

运动方程为

$$
\frac{\mathrm{d}v}{\mathrm{d}t} = \frac{F_e - F_{\text{load}}}{m}
\tag{7-30}
$$

线速度与角频率的转换关系为

$$
v = \frac{\omega_r \tau}{\pi}
\tag{7-31}
$$

其中，v 为电机定子速度；τ 为初级绕组的极距；P 为初级绕组极对数。

忽略直线部分的纵向边端效应的影响，即 $f(Q) = 0$，它在 $dq0$ 坐标系上的电压和磁链的数学模型与旋转感应电机的 $dq0$ 数学模型完全相同。

7.4.4　基于转子磁场定向的矢量控制原理

由矢量控制实现的途径可知，将定子 d 轴电流定向到转子磁链的方向有三种方式，即转子磁场定向、气隙磁场定向、定子磁场定向。在三种磁场定向方式中，激磁电流的表达式有很大差别。转子磁场定向方式下激磁电流的表达式最为简单，只与定子电流的激磁分量 i_{sd} 有关，通过改变定子电流转矩分量 i_{sq} 来调节电机转矩时，激磁电流并不发生变化；通过改变激磁电流来调节电机转矩时，定子电流转矩分量 i_{sq} 也不发生变化，转子磁场定向方式对三相异步电机的电磁转矩可以实现真正的解耦控制。在定子磁场定向和气隙磁场定向方式下，激磁电流不仅与定子电流的激磁分量 i_{sd} 有关，还和定子电流转矩分量 i_{sq} 有关，并且实际上是不解耦的，必须通过解耦的补偿电流实施补偿[18,51,52]。

与转子磁场定向方式相比，采用定子磁场定向和气隙磁场定向方式对电机的电磁转矩进行控制则要复杂得多。一般定子磁场定向和气隙磁场定向方式主要用于双馈感应电机和同步电机矢量控制系统[18]。对于三相感应电机，基于转子磁场定向的矢量控制系统是目前应用最为广泛的一种方案。对磁场进行准确的检测，是对异步电机磁场进行实时控制的首要要求。目前对异步电机磁场的检测，无法直接检测得出准确的数据，因此一般采用间接计算的方法对磁链模型进行观测。

在进行两相同步旋转坐标系变换时，假如使 d 轴与转子总磁链矢量的方向相同，用 M 轴来表示，q 轴垂直于磁链矢量，用 T 轴来表示。这样形成的两相同步旋转坐标系就称为 M-T 坐标系，即按转子磁场定向的旋转坐标系。

在 M-T 坐标系下，$\psi_{rd}=\psi_{rm}=\psi_r$，$\psi_{rq}=\psi_{rt}=0$。

根据异步电机在两相坐标系下的动态数学模型，可推出 M-T 坐标系下的控制方程。电磁转矩方程为

$$T_e = p\frac{L_m}{L_r}i_{st}\psi_r \tag{7-32}$$

其中，p 为电机的极对数；L_m 为绕组互感；L_r 为转子电感折算值；i_{st} 为定子电流转矩分量；ψ_r 为转子磁链。

直流电机的电磁转矩 T 为

$$T = C_T\phi I_a \tag{7-33}$$

其中，I_a 为电枢电流；ϕ 为每极磁通量；C_T 为转矩常数。

可以看出，异步电机在 M-T 坐标系下的 T_e 与直流电机电磁转矩 T 具有相似的调速性能。

转子磁链方程为

$$\psi_r = \frac{L_m}{T_r p'+1}i_{sm} \tag{7-34}$$

其中，T_r 为转子励磁时间常数；p' 为微分算子；i_{sm} 为定子电流励磁分量。

可以看出，ψ_r 与 i_{sm} 构成一阶惯性常数。设时间常数为励磁时间常数 T_r，转差频率方程为

$$\omega_s = \frac{L_m i_{st}}{T_r \psi_r} \tag{7-35}$$

由此可知，转差角频率由转子磁链 ψ_r、定子电流转矩分量 i_{st} 和电机常数决定。通过上面的三个方程的转换，就可以将异步电机的数学模型简化，定子电流分解为转矩分量 i_{st} 和励磁分量 i_{sm}，解耦为与直流电机类似的模型，并且具有良好的动态性能。

7.4.5　转子磁链模型

在实际应用中，转子磁链模型一般由计算模型得到，转子磁链模型根据计算信号的不同，可分为电流模型和电压模型两种[18,51,52]。

1. 转子磁链的电流模型

实际定子电流的电流信号经过坐标变换可以得到两相坐标下的电流信号 $i_{s\alpha}$、$i_{s\beta}$。根据两相坐标下的磁链方程，即可得到转子磁链在两相 α、β 轴上的分量，即

$$\begin{cases} \psi_{r\alpha} = L_m i_{s\alpha} + L_r i_{r\alpha} \\ \psi_{r\beta} = L_m i_{s\beta} + L_r i_{r\beta} \end{cases} \tag{7-36}$$

因此

$$\begin{cases} i_{r\alpha} = \dfrac{1}{L_r}(\psi_{r\alpha} - L_m i_{s\alpha}) \\ i_{r\beta} = \dfrac{1}{L_r}(\psi_{r\beta} - L_m i_{s\beta}) \end{cases} \tag{7-37}$$

在两相静止坐标系电压方程中，令 $u_{r\alpha} = u_{r\beta} = 0$，将式(7-35)和式(7-37)的关系代入式(7-36)，经整理后可得异步电动机转子磁链电流模型方程，即

$$\begin{cases} \psi_{r\alpha} = \dfrac{1}{T_r p + 1}(L_m i_{s\alpha} - \omega T_r \psi_{r\beta}) \\ \psi_{r\beta} = \dfrac{1}{T_r p + 1}(L_m i_{s\beta} - \omega T_r \psi_{r\alpha}) \end{cases} \tag{7-38}$$

2. 转子磁链的电压模型

由异步电动机在两相静止坐标系中数学模型的定子电压方程和转子电流方

程，可以得到转子磁链的电压方程，即

$$\begin{cases} \psi_{r\alpha} = \dfrac{L_r}{L_m}\left[\int (u_{s\alpha} - R_s i_{s\alpha})\mathrm{d}t - \sigma L_s i_{s\alpha} \right] \\[3mm] \psi_{r\beta} = \dfrac{L_r}{L_m}\left[\int (u_{s\beta} - R_s i_{s\beta})\mathrm{d}t - \sigma L_s i_{s\beta} \right] \end{cases} \tag{7-39}$$

其中，漏磁系数 $\sigma = 1 - L_m^2 / L_s L_r$。

7.5　双变频器供电的两自由度直驱感应电机矢量控制系统的建模

　　根据对单变频器控制方案和双变频器控制方案的对比结果，本章采用双变频器供电的 2DOF-DDIM 控制方案。在双变频器供电控制方案中，2DOF-DDIM 定子部分两套绕组分别由两台变频器供电。因此，在控制上可以等效成旋转部分矢量控制系统和直线部分矢量控制系统。本章在 MATLAB 仿真环境中建立旋转部分矢量控制系统和直线部分矢量控制系统来模拟双变频器供电的 2DOF-DDIM 控制方案。

1. 旋转部分建模

　　旋转部分由于铁芯开断，具有与直线部分类似的端部效应。在不考虑边端效应的情况下，其数学模型与普通异步电机数学模型相同。旋转运动直线感应电机 $dq0$ 模型如图 7-19 所示。

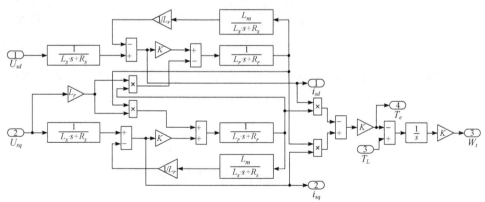

图 7-19　旋转运动直线感应电机 $dq0$ 模型

2. 直线部分建模

根据第 3 章直线电机的数学模型，在不考虑边端效应影响的情况下，建立的直线运动直线感应电机 $dq0$ 模型(图 7-20)。

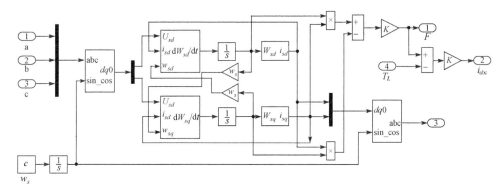

图 7-20　直线运动直线感应电机 $dq0$ 模型

7.6　矢量控制系统主要模块建模

7.6.1　速度 PI 调节器模块

与单自由度电机矢量控制系统相同，2DOF-DDIM 矢量控制系统也采用带有限幅功能的 PI 调节器。PI 调节器模块如图 7-21 所示，其中 k_p 为比例系数，k_i 为积分系数。

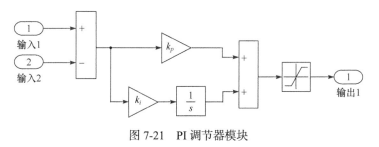

图 7-21　PI 调节器模块

7.6.2　主电路模块

主电路变频器采用直流电源给逆变器供电构成变频器模块。逆变器为电流滞环逆变器。利用电流滞环逆变器的原理可以搭建逆变器模块(图 7-22)。

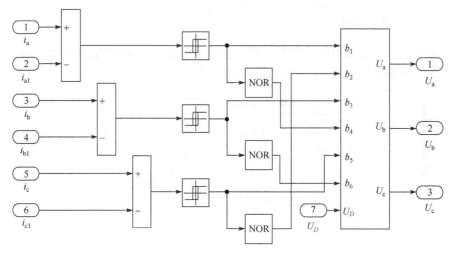

图 7-22　逆变器模块

7.6.3　磁链计算模块

由于逆变器采用电流滞环型逆变器，因此磁链计算模块采用 $dq0$ 坐标系上的转子磁链模型。磁链计算模块如图 7-23 所示。

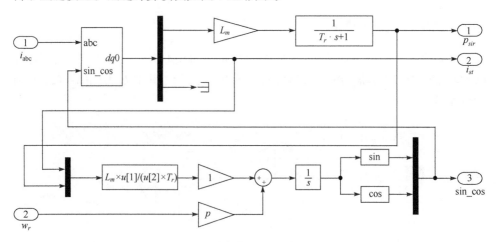

图 7-23　磁链计算模块

7.6.4　坐标变换模块

3s/2r 变换模块和 2r/3s 变换模块如图 7-24 和图 7-25 所示。

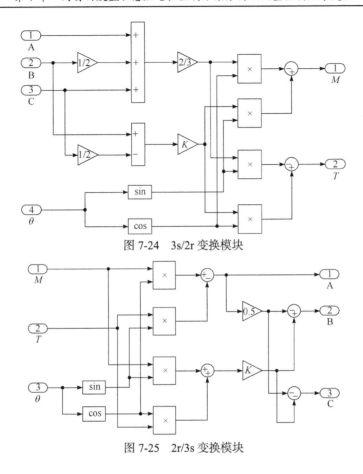

图 7-24 3s/2r 变换模块

图 7-25 2r/3s 变换模块

7.7 旋转部分矢量控制系统模型

为了实现对电机的矢量控制，使电机满足一定的性能指标(稳定性、快速性和准确性)，并尽可能使仿真模型简化，因此采用电流和转速负反馈的控制方式。为了使仿真时间尽可能短，并达到一定的仿真精度，仿真选用离散控制系统。整个系统主要分成速度控制器、矢量控制器、电流比较脉冲产生器、全桥逆变电路、电机模型和反馈电路。旋转运动直线感应电机矢量控制结构框图如图 7-26 所示。

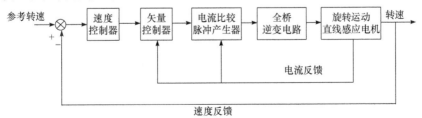

图 7-26 旋转运动直线感应电机矢量控制结构框图

根据旋转部分矢量控制系统结构图，将前面搭建的模块集中整合到一个模型中就构成旋转运动直线感应电机矢量控制仿真模型，如图 7-27 所示。

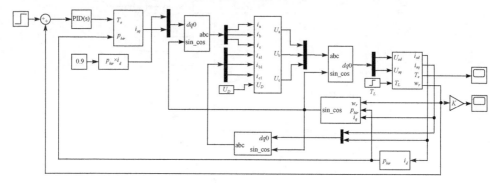

图 7-27　旋转运动直线感应电机矢量控制仿真模型

7.8　直线部分矢量控制系统模型

在不考虑边端效应影响的情况下，两相旋转坐标系下的直线部分无论是转差率表达式，还是次级磁链表达式都与旋转部分相同。因此，直线部分仿真模型也采用转速闭环矢量控制系统，将不同功能模块封装到一起可以得到直线运动直线感应电机矢量控制仿真模型，如图 7-28 所示。

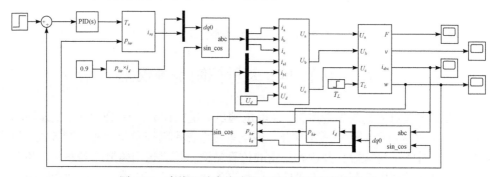

图 7-28　直线运动直线感应电机矢量控制仿真模型

7.9　两自由度直驱感应电机矢量控制系统

将旋转部分矢量控制模型和直线部分矢量控制模型集中到一个模型中，可以构成 2DOF-DDIM 矢量控制仿真模型。为了修改和简洁的需要，将小的模块进行封装，构成主要模块。2DOF-DDIM 矢量控制仿真模型如图 7-29 所示。

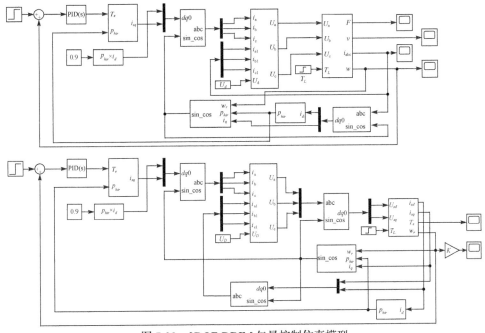

图 7-29　2DOF-DDIM 矢量控制仿真模型

7.10　本 章 小 结

本章建立 2DOF-DDIM 空间直角坐标系下的运动模型。提出将 2DOF-DDIM 等效成旋转部分和直线部分分别进行控制的控制思路。对交流电机的控制策略进行比较，提出基于单自由度电机控制策略的 2DOF-DDIM 的控制技术。通过比较单变频器控制方案和双变频器控制方案的优缺点，确定了双变频器供电方案的 2DOF-DDIM 矢量控制系统。通过对比异步电机和直流电机的工作方式，探讨异步电机获得类似于直流电机控制性能的途径。然后，推导坐标变换的变换矩阵，坐标变换是矢量控制实现的基本工具。根据坐标变换建立 2DOF-DDIM 的 $dq0$ 坐标系上的数学模型，介绍几种磁场定向技术并对基于转子磁场定向矢量控制的原理进行分析，根据异步电机的数学模型推导了转子磁链在两相坐标系下的电流和电压模型。本章是两自由度电机矢量控制的理论基础，通过以上理论推导分析，可以对 2DOF-DDIM 的矢量控制系统研究提供理论支撑。

参 考 文 献

[1] Cathey J J, Rabiee M. Verification of an equivalent circuit model for a helical motion induction motor [J]. IEEE Transactions on Energy Conversion, 1988, 3(3): 660-666.

[2] 邹继明, 崔淑梅, 程树康. 多自由度(旋转)电动机的发展[J]. 高技术通讯, 2000, (10): 103-105.

[3] 欧景, 柴凤, 毕云龙. 直线-旋转电机技术发展现状分析[J]. 微电机, 2013, 46(4): 88-92.

[4] 司纪凯, 司萌, 封海潮, 等. 两自由度直驱电机的研究现状及发展[J]. 电工技术学报, 2013, 28(2): 97-107.

[5] Xu L, Lin M, Fu X, et al. Analysis of a double stator linear rotary permanent magnet with orthogonally arrayed permanent magnet[J]. IEEE Transactions on Magnetics, 2016, 52(7): 8203104.

[6] Bolognesi P, Bruno O, Taponecco L. Dual-function wheel drives using rotary-linear actuators in electric and hybrid vehicles[C]//The 35th Annual Conference of IEEE Industrial Electronics, Porto, 2009: 3916-3921.

[7] Cathey J J. Helical motion induction motor[J]. IEE Proceedings, 1985, 132(2): 112-114.

[8] Rabiee M, Cathey J J. Verification of a field theory analysis applied to a helical motion induction motor[J]. IEEE Transactions on Magnetics, 1988, 24(4): 2125-2132.

[9] Alwash J H H, Mohssen A D, Abdi A S. Helical motion tubular induction motor[J]. IEEE Transactions on Energy Conversion, 2003, 18(3): 362-369.

[10] Dobzhanskyi O, Gouws R. Study on energy savings applying highly efficient permanent magnet motor with two degrees of mechanical freedom in concrete industry[C]//Proceedings of the 10th Industrial and Commercial Use of Energy Conference, Cape Town, 2013: 206-221.

[11] Smadi I A, Omori H, Fujimoto Y. Development, analysis, and experimental realization of a direct-drive helical motor[J]. IEEE Transactions on Industrial Electronics, 2012, 59(7): 2208-2216.

[12] Fujimoto Y, Suenaga T, Koyama M. Control of an interior permanent-magnet screw motor with power-saving axial-gap displacement adjustment[J]. IEEE Transactions on Industrial Electronics, 2014, 61(7): 3610-3619.

[13] Furuya Y, Mikami T, Suzuki T, et al. On an active prosthetic knee joint driven by a high thrust force helical motor[C]//The 39th Annual Conference of Industrial Electronics Society, Vienna, 2013: 5894-5899.

[14] Meessen K J, Paulides J J H, Lomonova E A. Analysis of a novel magnetization pattern for 2-DoF rotary-linear actuators [J]. IEEE Transactions on Magnetics, 2012, 48(11): 3867-3870.

[15] Mendrela E A, Gierczak E. Double-winding rotary-linear induction motor[J]. IEEE Transactions on Energy Conversion, 1987, EC-2(1): 47-54.

[16] Fleszar J, Mendrela E A. Twin-armature rotary-linear induction motor[J]. IEE Proceedings B-Electric Power Applications, 1983, 130(3): 186-192.

[17] Meessen K J, Paulides J J H, Lomonova E A. Analysis and design considerations of a 2-DoF rotary-linear actuator[C]//IEEE International Electric Machines & Drives Conference, Niagara Falls, 2011: 336-341.

[18] Bolognesi P. A novel rotary-linear permanent magnets synchronous machine using common active parts[C]//The 15th IEEE Mediterranean Electrotechnical Conference, Valletta, 2010: 1179-1183.

[19] Bolognesi P, Papini F. FEM modeling and analysis of a novel rotary-linear isotropic brushless machine[C]//XIX International Conference on Electrical Machines, Rome, 2010：103-108.

[20] Bolognesi P. Structure and theoretical analysis of a novel rotary-linear isotropic brushless machine[C]//XIX International Conference on Electrical Machines, Rome, 2010：158-163.

[21] Bolognesi P, Biagini V. Modeling and control of a rotary-linear drive using a novel isotropic brushless machine[C]//XIX International Conference on Electrical Machines, Rome, 2010: 180-185.

[22] Amiri E, Gottipati P, Mendrela E A. 3-D space modeling of rotary-linear induction motor with twin-armature[C]//IEEE International Conference on Electric Machines & Drives, Chennai, 2011: 203-206.

[23] Amiri E, Jagiela M, Dobzhanski O, et al. Modeling dynamic end effects in rotary armature of rotary-linear induction motor[C]//IEEE International Conference on Electric Machines & Drives, Chicago, 2013: 1088-1091.

[24] Szabó L, Bentia I, Ruba M. A rotary-linear switched reluctance motor for automotive applications[C]//The 20th International Conference on Electrical Machines, Marseille, 2012: 2615-2621.

[25] Szabó L, Bentia I, Ruba M. On a rotary-linear switched reluctance motor[C]//International Symposium on Power Electronics, Electrical Drives, Automation and Motion, Sorrento, 2012: 507-510.

[26] Pan J, Chenung N, Cao G. A rotary-linear switched reluctance motor[C]//International Conference on Power Electronics Systems and Applications, Hong Kong, 2009: 2615-2621.

[27] Zhao S, Cheung N C, Gan W, et al. A self-tuning regulator for the high-precision position control of a linear switched reluctance motor[J]. IEEE Transactions on Industrial Electronics, 2007, 54(5): 2425-2434.

[28] Jang S, Lee S, Cho H, et al. Design and analysis of helical motion permanent magnet motor with cylindrical halbach array[J]. IEEE Transactions on Magnetics, 2003, 39(5): 3007-3009.

[29] 陈晔, 李兴根. 二自由度步进电动机的设计[J]. 微电机, 2005, (2): 24-28.

[30] 上海工业大学, 上海电机厂. 直线异步电动机[M]. 北京：机械工业出版社，1979.

[31] 陈世坤. 电机设计[M]. 北京：机械工业出版社，1990.

[32] Pan J, Zou Y, Cheung N C. Performance analysis and decoupling control of an integrated rotary-linear machine with coupled magnetic paths [J]. IEEE Transactions on Magnetics, 2014, 50(2): 761-764.

[33] Pan J, Meng F, Cao G. Decoupled control for integrated rotary-linear switched reluctance motor [J]. IET Electric Power Applications, 2014, 8(5): 199-208.

[34] Pan J, Cheung N C, Cao G. Investigation of a rotary-linear switched reluctance motor[C]//The XIX International Conference on Electrical Machines, Rome, 2010：285-290.

[35] Ioana B, Lorand S, Mircea R. A novel rotary-linear switched reluctance motor[J]. Journal of Computer Science and Control Systems, 2012, 1(5): 13-16.

[36] Turner A, Ramsay K, Clark R, et al. Direct-drive rotary-linear electromechanical actuation system for control of gear shifts in automated transmissions[C]//IEEE Vehicle Power and Propulsion Conference, Arlington, 2007: 267-272.

[37] Chen L, Hofmann W. Design of one rotary-linear permanent magnet motor with two independently energized three phase windings[C]//Proceedings of the International Conference on Power Electronics and Drive Systems, Bangkok, 2007: 1372-1376.

[38] Onuki T, Jeon W J, Tanabiki M. Induction motor with helical motion by phase control[J]. IEEE Transactions on Manetics, 1997, 33(5):4218-4220.

[39] Jeon W J, Tanabiki M, Onuki T. Rotary-linear induction motor composed of four primaries with independently energized ring-windings[C]//IEEE Industry Application Society Annual Meeting, New Orleans, 1997: 541-567.

[40] 唐孝镐, 宁玉泉, 傅丰礼. 实心转子异步电机及其应用[M]. 北京: 机械工业出版社, 1991.

[41] 冯尔健. 铁磁体实心转子异步电机理论与计算[M]. 北京: 科学出版社, 1980.

[42] 司纪凯, 司萌, 许孝卓, 等. 转子材料和气隙对实心转子直线弧形感应电机性能影响[J]. 电机与控制学报, 2012, 16(10): 31-37.

[43] 杨通. 笼型实心转子屏蔽电机电磁场有限元分析与计算[D]. 武汉: 华中科技大学, 2006.

[44] 赵建军. 实心转子同步电动机起动过程的研究[D]. 沈阳: 沈阳工业大学, 2006.

[45] 赵博. 实心转子屏蔽电机电磁参数计算与性能分析[D]. 哈尔滨: 哈尔滨理工大学, 2008.

[46] 付媛. 实心转子永磁电动机谐波转矩的有限元分析与实验研究[D]. 北京: 华北电力大学, 2010.

[47] 司纪凯, 艾立旺, 司萌, 等. 两自由度直驱感应电动机的特性分析[J]. 微特电机, 2014, 42(8): 1-4.

[48] 陈金哲. 实心转子异步制动电机设计方法研究[D]. 沈阳: 沈阳工业大学, 2010.

[49] 李隆年. 电机设计[M]. 北京: 清华大学出版社, 1992.

[50] 傅丰礼, 唐孝镐. 异步电动机设计手册[M]. 北京: 机械工业出版社, 2006.

[51] 黄坚, 郭中醒. 实用电机设计计算手册[M]. 上海: 上海科学技术出版社, 2010.

[52] 夏景辉. 直线电机轮轨交通气隙及轨道平顺性对系统动力响应影响研究[D]. 北京: 北京交通大学, 2011.

[53] 李文竹. 直线感应电动机气隙变化对电机性能影响的研究[D]. 长春: 吉林大学, 2006.

[54] 黄士鹏. 交流电机绕组理论[M]. 哈尔滨: 黑龙江科学技术出版社, 1986.

[55] 司萌. 两自由度直驱感应电机电磁设计及特性研究[D]. 焦作: 河南理工大学, 2013.

[56] Gieras J, Saari J. Performance calculation for a high-speed solid-rotor induction motor[J]. IEEE Transactions on Industrial Electronics, 2012, 59(6): 2689-2700.

[57] 艾立旺. 两自由度直驱感应电机特性研究与优化设计[D]. 焦作: 河南理工大学, 2015.

[58] Guo S, Zhou L, Yang T. An analytical method for determining circuit parameter of a solid rotor induction motor[C]//The 15th International Conference on Electrical Machines and Systems, Sapporo, 2012: 617-628.

[59] Ertan H B, Leblebicio K, Pirgaip M. High-frequency loss calculation in a smooth rotor induction

motor using FEM[J]. IEEE Transactions on Energy Conversion, 2007, 22(3): 566-575.

[60] 胡岩, 刘涛, 吴伟. 复合笼型转子异步电动机起动性能[J]. 电工技术学报, 2012, 27(12): 199-212.

[61] Gieras J F. Analytical method of calculating the electromagnetic field and power losses in ferromagnetic halfspace taking into account saturation and hysteresis[J]. Proceedings of the Institution of Electrical Engineers, 1977, 124(11): 1098-1104.

[62] Lu H, Zhang Y, Du Y. Normal force characteristics analysis of single-sided linear induction motor [C]// International Conference on Electrical Machines and Systems, Beijing, 2011: 315-327.

[63] Gieras J F. Solid-Rotor Induction Motors [M]. New York: Springer, 2004.

[64] Nasar S A, Boldea I. Linear motion electric machines [M]. Beijing: Science Press, 1982

[65] 徐伟, 孙广生. 单边直线感应电机等效电路参数研究[J]. 中国工程科学, 2008, 10(8): 76-80.

[66] Stankovic A V, Benedict E L, John V, et al. A novel method for measuring induction machine magnetizing inductance[J]. IEEE Transactions on Industry Applications, 2003, 39(5): 1257-1263.

[67] Kang G, Kim J, Nam K. Parameter estimation scheme for low-speed linear induction motors having different leakage inductances[J]. IEEE Transactions on Industrial Electronics, 2003, 50(4): 708-716.

[68] 吕刚. 直线感应电机的解耦最优控制研究[D]. 北京: 北京交通大学, 2007.

[69] 郭焕. 直线感应电机的直接推力控制及仿真[D]. 长沙: 中南大学, 2007.

[70] Kang G, Nam K. Field-oriented control scheme for linear induction motor with the end effect [J]. IEE Proceedings B-Electric Power Applications, 2005, 152(6): 1565-1572.

[71] 徐伟, 孙广生, 李耀华, 等. 单边直线感应电机转子磁场定向矢量控制方法研究[J]. 电气传动, 2007, 37(4): 12-15.

[72] 鲁军勇, 马伟明, 许金. 高速长定子直线感应电动机的建模与仿真[J]. 中国电机工程学报, 2008, (27): 89-94.

[73] 刘菊香. 直线电机建模与半实物仿真研究[D]. 长沙: 中南大学, 2006.

[74] 马名中, 马伟明, 郭灯华, 等. 多定子直线感应电机模型及间接矢量控制算法[J]. 电机与控制学报, 2013, 17(2): 1-6.

[75] Pucci M. State space-vector model of linear induction motors[J]. IEEE Transactions on Industry Applications, 2014, 50(1): 195-207.

[76] 任志斌. 电动机的 DSP 控制技术与实践[M]. 北京: 中国电力出版社, 2012.

[77] Duncan J. Linear induction motor-equivalent circuit model[J]. IEE Proceedings B-Electric Power Applications, 1983, 130(3): 228.

[78] Sung J, Nam K. A new approach to vector control for a linear induction motor considering end effects[C]//Conference Record of the 1999 IEEE Industry Applications Conference, Phoenix, 1999: 179-193.

[79] Sung J, Lee J, Hyun D. Dynamic characteristic analysis of LIM using coupled FEM and control algorithm[J]. IEEE Transactions on Magnetics, 2000, 36(4): 1876-1880.

[80] 卢琴芬, 方攸同, 叶云岳. 大气隙直线感应电机的力特性分析[J]. 中国电机工程学报,

2005, (21): 135-139.

[81] 王立强, 雷美珍, 卢琴芬, 等. 大气隙直线感应电机矢量控制系统建模与仿真[C]// 第二十六届中国控制会议, 张家界, 2007: 2625-2629.

[82] 王飞飞. 考虑边端效应的直线感应电机磁场定向控制研究[D]. 成都: 西南交通大学, 2009.

[83] 顾赟. 牵引直线感应电机推力优化控制的研究[D]. 北京: 北京交通大学, 2009.

[84] 黄守道, 邓建国, 罗德荣. 电机瞬态过程分析的MATLAB建模与仿真[M]. 北京: 电子工业出版社, 2013.

[85] 张红梅, 李璐, 吴峻, 等. 直线感应电机的矢量控制建模与仿真[J]. 微特电机, 2004,(9): 29-31.

[86] 许实章. 交流电机的绕组理论[M]. 北京: 机械工业出版社, 1985.

[87] 龙遐令. 直线感应电动机的理论和电磁设计方法[M]. 北京: 科学出版社, 2007.

[88] 龙遐令. 初级铁芯有限长的直线感应电动机的等值电路[J]. 电机技术, 1981, (3): 16-21.

[89] Si J, Ai L, Feng H, et al. Analysis on coupling effect of 2-DOF direct drive induction motor based on 3-D model[C]//The 17th International Conference on Electrical Machines and Systems, Hangzhou, 2014: 1157-1163.

[90] 宁玉泉, 唐孝镐, 黄念森. 螺旋运动实心转子异步力矩电机的电磁理论与设计问题[J]. 电工技术学报, 1986, (3): 42-46.

[91] 司纪凯, 艾立旺, 韩俊波, 等. 直线感应电机空载速度特性分析[J]. 电机与控制学报, 2014, 18(7): 37-43.

[92] 黄子果, 王善铭. 光滑实心转子异步电机等效电路参数的二维计算方法[J]. 中国电机工程学报, 2016, 36(9): 2505-2512.